FORSCHUNGSBERICHTE DES LANDES NORDRHEIN-WESTFALEN
Nr. 2414

Herausgegeben im Auftrage des Ministerpräsidenten Heinz Kühn
vom Minister für Wissenschaft und Forschung Johannes Rau

Dipl.-Ing. Klaus Nowacki

Institut für Allgemeine Elektrotechnik und Hochspannungstechnik
der Rhein.-Westf. Techn. Hochschule Aachen

Untersuchungen des Einflusses von Phasentrennwänden und die Spannungsfestigkeit von dazu parallelen Trennstrecken

Springer Fachmedien Wiesbaden GmbH 1974

© 1974 by Springer Fachmedien Wiesbaden
Ursprünglich erschienen bei Westdeutscher Verlag GmbH, Opladen 1974

Gesamtherstellung: Westdeutscher Verlag
ISBN 978-3-531-02414-1   ISBN 978-3-663-19780-5 (eBook)
DOI 10.1007/978-3-663-19780-5

Inhalt

1.	Bisherige Erkenntnisse und Aufgabenstellung	1
2.	Versuchseinrichtung und Prüfanordnung	3
2.1	Allgemeines	3
2.2	Versuchseinrichtungen	4
2.2.1	Erzeugung und Messung der Wechselspannung	4
2.2.2	Erzeugung und Messung der Gleichspannung	4
2.3	Versuchsobjekte	5
2.3.1	Elektrodenform und -anordnung	5
2.3.2	Anordnung der Schirme	5
2.4	Versuchsdurchführung	6
2.4.1	Definition der Anfangsspannung	6
2.4.2	Methoden zum Nachweis der Vorentladungen	7
2.4.3	Korrektur der Meßergebnisse	8
2.4.4	Der Oberflächenwiderstand	8
2.4.5	Anzahl der Messungen und Behandlung der Elektroden	9
2.4.6	Messung der Aufladung	9
3.	Versuchsergebnisse	11
3.1	Anfangsspannung	11
3.1.1	Wechselspannung	12
3.1.2	Gleichspannung	12
3.2	Durchschlagspannung	15
3.2.1	Wechselspannung	15
3.2.2	Gleichspannung	16
4.	Untersuchungen mit Blitzstoßspannung	18
4.1	Erzeugung und Messung der Blitzstoßspannung ...	18
4.2	Verhaltensfunktion	18
4.3	Versuchsergebnisse	20
4.3.1	Theorie des Stoßdurchschlages	20
4.3.1.1	Entstehung einer Lawine	20
4.3.1.2	Durchschlag aus dem Kanalaufbau	20
4.3.2	50 %-Durchschlagstoßspannung	21

    4.3.2.1 Erniedrigung der Festigkeit bei
           kleinen Schirmabständen 22

    4.3.2.2 Maximum der Festigkeit bei $a = s/2$ 23

5. Zusammenfassung 25

Literaturverzeichnis 26

Abbildungen 29

1. Bisherige Erkenntnisse und Aufgabenstellung

Die große Bedeutung eines Isolierschirmes für das Entladungsverhalten in einer Funkenstrecke ist schon verhältnismäßig lange erkannt und durch eine Reihe von Veröffentlichungen beschrieben und diskutiert worden.

Bei den Schirmen handelt es sich im allgemeinen um ebene Anordnungen aus Isolierstoff, die senkrecht zur Entladungsrichtung zwischen den Elektroden einer Funkenstrecke angebracht werden.

Die ersten Untersuchungen aus dem Jahre 1930 stammen von Marx [1] und Roser [2], die zum ersten Mal Aussagen über den sogenannten Schutzwert von Schirmen bei inhomogenen Elektrodenanordnungen machen. Diese Untersuchungen sind dann fortgesetzt worden, wobei Verma [3], Abou Alia [4] und Remde [5] sich mit dem Phänomen der Erhöhung der Festigkeit bei Stoßspannung eingehend auseinandersetzten.

Auf Grund dieser Veröffentlichungen und der schon lange bekannten Tatsache, daß die Schirme, wenn sie im Bereich nahe der Elektroden angebracht werden, die Festigkeit der Anordnungen erheblich erhöhen können, ist es in der Hochspannungstechnik zum Beispiel üblich, den Abstand zwischen den Leitern eines Drehstromsystems dadurch zu vermindern, daß die benachbarten Leiter durch Schirme aus Isolierstoff, sogenannte Phasentrennwände, gegeneinander isoliert werden. Diese Schirme können ebene Platten oder den Leiter umgebende Rohre sein.

Sind nun im Zuge dieser so geschirmten Leiter der Drehstromanordnung Trennstrecken vorhanden, so scheinen die zu den Trennstrecken parallel liegenden Schirme ihre elektrische Festigkeit ungünstig zu beeinflussen. Diese Beeinträchtigung der Spannungsfestigkeit der Trennstrecken kann nun zu einer solchen Vergrößerung der Trennstrecken führen, daß der durch die Phasentrennwände im Abstand der Leiter zueinander erreichte Gewinn weitgehend wieder aufgehoben wird.

Diese oben geschilderte mögliche Beeinflussung des Isoliervermögens von Elektrodenanordnungen (Trennstrecken) durch das Vorhandensein von parallelen Schirmen, also solchen die parallel zur Entladungsrichtung angebracht werden, soll nun im folgenden an Hand von Untersuchungen bei Gleich-, Wechsel- und Blitzstoßspannung einer Klärung näher gebracht werden.

2. Versuchseinrichtung und Prüfanordnung

2.1 Allgemeines

Wichtig und außerordentlich bedeutend hinsichtlich des Isoliervermögens von Anlageteilen ist der Wert der anliegenden hohen Wechsel- bzw. Gleichspannung, bei dem zum ersten Mal ein Teil des isolierenden Mediums durchschlagen bzw. kurzzeitig leitend wird. Dieser Wert der Spannung wird als die Anfangsspannung oder auch Einsetzspannung bezeichnet [6] . Oberhalb dieses Wertes der Hochspannung muß mit kontinuierlich auftretenden Teildurchschlägen des isolierfähigen Mediums gerechnet werden. Der hiermit verbundene dauernde Ladungsträgertransport beeinflußt nicht nur die Isolierfähigkeit des Mediums, sondern kann auch in Verbindung mit den im Feld befindlichen anderen Isolierstoffen zu unerwünschten Nebenwirkungen führen. Diese können unter Umständen sein:

Aufladung des Isolierstoffes

und hierdurch hervorgerufene

Veränderung des Isoliervermögens

Ausgehend von diesen Überlegungen wird im ersten Teil der Untersuchungen das Verhalten von Stab-Stab-Elektrodenanordnungen mit zusätzlichen Isolierstoffwänden hinsichtlich ihrer Anfangsspannung bei Wechsel- und Gleichspannung untersucht. Diese Anordnung der Elektroden wurde gewählt, da zum einen durch diese Art des inhomogenen Feldes z.B. die Trennstrecke eines Schalters gut nachempfunden werden kann und zum anderen auch die Möglichkeit einer nicht zu komplizierten konstruktiven Ausführung gegeben ist.

2.2 Versuchseinrichtungen

2.2.1 Erzeugung und Messung der Wechselspannung

Für die Versuche mit Wechselspannung wurde ein Transformator mit einem maximalen Effektivwert der Spannung in Höhe von 100 kV verwandt, an den die Prüfanordnung über einen zur Strombegrenzung notwendigen 50 kΩ-Widerstand angeschlossen wurde.

Die Messung der hohen Wechselspannung erfolgt mit einer in Effektivwerten geeichten Scheitelspannungsmeßeinrichtung. Diese besteht aus einem kapazitiven Spannungsteiler, dessen Teilerabgriffspannung an der Unterkapazität über eine Diodenstrecke gleichgerichtet wird, und einem Drehspulinstrument, welches die gleichgerichtete Spannung anzeigt. Bei einem Frequenzgang von 50 - 300 Hz ergibt sich eine Meßunsicherheit der gesamten Anordnung von < 2 %.

2.2.2 Erzeugung und Messung der Gleichspannung

Für die experimentellen Versuchsdurchführungen bei positiver und negativer Gleichspannung stand eine Anlage in der Ausführung als Einwegschaltung mit Glättungskondensator bei einer maximalen Spannung von $U_- = 140$ kV zur Verfügung.

Bei den Versuchen zur Bestimmung der Anfangsspannung wurde die Anlage fast im Leerlauf betrieben, so daß der durch den Meßwiderstand fließende Strom die größte Belastung darstellte. Eine Überprüfung der Welligkeit mittels eines kapazitiven Teilers ergab einen Wert von unter 1 % bezogen auf die am Versuchsobjekt liegende Spannung (Definition nach IEC [7]).

Die am Prüfling liegende hohe Gleichspannung wurde mit einem in Kilovolt geeichten Drehspulinstrument der Klasse 0,3 über einem 140 MΩ-Vorwiderstand gemessen. Der durch die Meßeinrichtung bei der Spannungsmessung auftretende Anzeigefehler dürfte innerhalb der Grenzen $\pm$ 2 % liegen.

2.3 Versuchsobjekte

2.3.1 Elektrodenform und -anordnung

In Bild 1 sind die bei den Versuchen verwandte Elektrodenformen dargestellt. Die Stäbe waren aus Messingrundmaterial hergestellt und hatten eine Länge von 300 mm. Die Abschlüsse wurden gedreht bzw. gefräst und ihre Oberflächen nach diesem Bearbeitungsvorgang durch Schmirgeln und Polieren metallisch blank und frei von sichtbaren Kratzern und Rauhigkeiten gemacht.

Der Schlagweitenabstand dieser Stab-Stab-Elektroden wurde im Bereich zwischen 30 und 150 mm geändert. Hierzu wurden die Elektroden in jeweils eine Buchse am oberen Ende eines Hartpapierrohres mit einem Durchmesser von 30 mm und einer Länge von 800 mm waagerecht eingespannt, so daß sich ein Abstand zur Erde von 750 mm ergab. Die Hartpapierrohre waren an ihrem unteren Ende mit einer Vorrichtung zur Verstellung des Abstandes versehen, die es erlaubte, mittels eines Handrades über eine Gewindespindel eine feinstufige Einstellung vorzunehmen.

Die Spannungszuführung zu dieser Verstellvorrichtung erfolgte über eine rohrförmige Verbindung (∅ = 30 mm), die bis etwa 90 kV sprühfrei war.

2.3.2 Anordnung der Schirme

Die für die Versuche verwandten beiden ebenen Schirme bestanden aus Hartpapier in den Abmessungen 500 x 500 x 5 mm.

Die sich für dieses Material nach [8] ergebende relative Dielektrizitätszahl ε_r wurde mit 6 ermittelt. Der Oberflächenwiderstand nach [9] bei Raumtemperatur betrug $R_o = 1,5 \cdot 10^{11} \Omega$.

Die Hartpapierschirme waren ebenfalls über Hartpapierrohre mittig zu den Stab-Stab-Elektroden isoliert angebracht und konnten mittels Handrades und Gewindespindel symmetrisch und parallel zur Elektrodenachse verstellt werden. Die eingestellten Abstände wurden mit angefertigten Lehren überprüft.

2.4 Versuchsdurchführung

2.4.1 Definition der Anfangsspannung

Der Begriff "Anfangsspannung" wird von Schumann [10] sinngemäß definiert:
Unter Anfangsspannung wird der Wert der Spannung verstanden, bei dem erste Anzeichen einer selbständigen Entladung in Form von Lichtaussendung, Geräuschentwicklung und Ionisierungserscheinungen auftreten. Diese sekundären Erscheinungen einer Entladung unterliegen der subjektiven Erfassung und können daher durchaus zu fehlerhaften Meßergebnissen führen.

Bevor nun auf die Methoden zum Nachweis dieser Erscheinungen eingegangen wird, soll eine kurze Beschreibung der Form der positiven bzw. negativen ersten Entladungen vorangestellt werden.

Wird in die Erdleitung einer positiven inhomogenen Funkenstrecke ein Meßwiderstand eingeschleift, so fließt von einem bestimmten Spannungswert an über diesen Widerstand ein Strom, der auf einem angeschlossenen Oszillographen in Form von Spannungsimpulsen sichtbar gemacht werden kann. Dieser impulsförmige Strom (Leuchtfadenimpuls, Stromfaden, onset streamer) tritt zunächst unregelmäßig auf. Mit etwas zunehmender Spannung wird dann die Folge dieser ersten Impulse so groß, daß bei Wahrnehmung der Geräusche der Eindruck einer kontinuierlichen Impulsfolge entsteht. Die Amplitude ist jedoch von Impuls zu Impuls unterschiedlich und hängt von den geometrischen Abmessungen der inhomogenen Elektrode ab. Bei der untersuchten Anordnung ergaben sich Werte von etwa 10 mA.

Das Auftreten der ersten Entladungen bei einer negativen inhomogenen Elektrodenanordnung kann etwa bei dem gleichen Spannungswert wie bei positiver Polarität der inhomogenen Elektrode erwartet werden [11]. Die Amplituden dieser sogenannten Trichelimpulse [12] sind gegenüber denen der Leuchtfadenimpulse wesentlich kleiner und schwanken nicht so in ihrer Größe. Die Folge der Impulse ist ebenfalls zuerst unregelmäßig; mit zunehmender Spannung werden dann die Pausen zwischen den Einzelentladungen kleiner und auf dem Oszillographen kann eine regelmäßige Impulsfolge wahrgenommen werden.

2.4.2 Methoden zum Nachweis der Vorentladungen

Der Nachweis der oben beschriebenen ersten Entladungen - Vorentladungen - in athmosphärischer Luft kann durch in der Erdleitung fließende Impulsströme, durch Spannungsabsenkung an der Elektrodenanordnung, durch Leuchterscheinung oder durch akustische Erscheinungen erfolgen. Bei den hier verwandten Anordnungen in Luft wurde der Einsatz der Vorentladungen in Vorversuchen akustisch, optisch und meßtechnisch erfaßt, um zu überprüfen, inwieweit die subjektive Erfassung der akustischen Erscheinungen mit der objektiven Messung übereinstimmen.

Die akustisch ermittelten Anfangsspannungswerte wurden hierzu mit denen verglichen, die sich bei der Messung des in der Erdleitung fließenden Vorentladungsstromes ergaben. Der von den Strömen an einem ohmschen Ankopplungswiderstand (50 Ω) hervorgerufene Spannungsabfall wurde von einem Breitbandoszillographen (Tektronix Typ 422) registriert. Ein Vergleich der Meßergebnisse dieser Vorversuche ergab eine gute Übereinstimmung beider ermittelter Anfangsspannungswerte, so daß für die nachfolgenden Untersuchungen die von den Leuchtfaden- und Trichelimpulsen ausgehenden Geräusche zur Ermittlung der Anfangsspannung herangezogen wurden.

2.4.3 Korrektur der Meßergebnisse

Während der Versuchsdurchführung ergaben sich Änderungen der Raumtemperatur von 20 - 23° C und Luftdruckunterschiede zwischen 745 - 765 Torr. Die bei den Versuchen ermittelten Ergebnisse der Anfangsspannungen wurden daher auf die nach VDE festgelegten Normalbedingungen (ϑ_o = 20° C und b_o = 760 Torr) mit Hilfe von Gleichung (1) umgerechnet, wobei von einer proportionalen Änderung der Spannung mit der Luftdichte ausgegangen wurde.

$$U_{ao} = \frac{b_o \, (273 + \vartheta_o)}{b \, (273 + \vartheta)} \, U_a \qquad (1)$$

Die relative Luftfeuchtigkeit schwankte im Versuchslabor bei den Untersuchungen zwischen 42 % und 48 %. Nach Peschke [13] ist nun zu erwarten, daß die Feuchtigkeit keinen Einfluß auf die Anfangsspannung hat. Aus diesem Grunde wurde auf eine Feuchtekorrektur verzichtet.

2.4.4 Der Oberflächenwiderstand

Bekanntlich ändert sich bei hygroskopischen Stoffen wie Preßspan, Hartpapier und Glas der Oberflächenwiderstand bereits durch die relative Feuchtigkeit der atmosphärischen Luft.
In Vorversuchen mußte nun dieses Verhalten in Abhängigkeit von der Luftfeuchtigkeit ermittelt werden, um im Nachhinein Aussagen über die Konstanz des Oberflächenwiderstandes bei den nachfolgenden Versuchsreihen machen zu können.

Auf Grund der im vorigen Kapitel dargelegten Versuchsbedingungen kann festgehalten werden, daß im Laufe der Versuche zur Bestimmung der Anfangsspannung eine Änderung des Oberflächenwiderstandes in den Grenzen zwischen $5 \cdot 10^{11} - 1 \cdot 10^{11} \, \Omega$ eingetreten ist. Ausgehend von diesen geringen Schwankungen kann der Oberflächenwiderstand für die Untersuchungen als konstant angesehen werden.

2.4.5 Anzahl der Messungen und Behandlung der Elektroden

Bei Vorversuchen ergab sich, daß die Festlegung der Anfangsspannung durch 10 Einzelmessungen je Meßpunkt erfolgen konnte. Diese Zahl der Einzelwerte reichte eindeutig aus, da durch die geringen Streuungen mit relativer Standardabweichung $s < 1$ % eine sichere Mittelwertbildung durchgeführt werden konnte.

Vor jeder Meßreihe wurden die Elektrodenoberflächen mit dem Putzmittel Kaol poliert und anschließend mit Äther gereinigt. Den dann nach einer Trocknung folgenden eigentlichen Versuchen gingen einige nicht gewertete Vorentladungsmessungen voraus, um eventuell vorhandene Staubverunreinigungen im Bereich der Einsatzstelle der Entladungen wegzubrennen.

Die Schirme wurden vor den Messungen ebenfalls einer Reinigung mit Spiritus unterzogen und anschließend mit einem Stofflappen abgewischt. Bei Vorversuchen hatte sich gezeigt, daß durch dieses Reiben mit einem Lappen eine kleine Auflading der Platten erfolgen konnte, so daß mittels eines elektrostatischen Spannungsmessers vor jedem Versuch eine Kontrolle über eine eventuelle Auflading erfolgte.

2.4.6 Messung der Auflading

Wird ein Werkstoff in ein inhomogenes elektrisches Feld gebracht, so wird sich dieser unter dem Einfluß von Entladungen bzw. durch Ladungsverschiebung - hervorgerufen durch das Feld - aufladen. Diese Auflading kann nun mit geeigneten Meßmethoden ermittelt werden, wobei jedoch auf die Rückwirkungsfreiheit der Meßeinrichtung zu achten ist. Hierunter ist zu verstehen, daß sich der zeitliche Verlauf der Meßgrößen in einem Versuchsaufbau beim Zuschalten der Meßeinrichtung nicht ändert. Des weiteren muß unterschieden werden, ob es sich bei dem in das Feld eingebrachten Stoff um einen Leiter oder um einen Isolierstoff handelt.

Die aufgeladene Oberfläche eines Leiters besitzt nun an jedem Punkt seiner Oberfläche das gleiche Potential, so daß für diesen Fall zweckmäßigerweise das Potential bzw. die Spannung gegen Erde durch Anlegen eines geeigneten Spannungsmessers mit hohem Innenwiderstand gemessen werden kann.

Zum anderen kann durch Messung der Feldstärke mittels Meßgeräten nach dem Generatorprinzip unter der Voraussetzung eines homogenen Feldes zwischen Oberfläche und Meßfläche auf das Potential rückgeschlossen werden. Dies ist bei einem Leiter im allgemeinen der Fall.

Sollte sich nun auf Grund seiner Oberflächenleitfähigkeit und die dadurch gegebene mögliche Verschiebung von Ladungen auf der Oberfläche sowie seiner Dielektrizitätszahl ein Isolierstoff wie ein Leiter verhalten, so müßten auch für diesen Isolierstoff die obigen Meßverfahren geeignet erscheinen.

Zur Messung der Aufladung wurde daher ein Feldstärkemesser nach einem isotopentechnischen Verfahren verwandt (Statometer H 1407). Die Wirkungsweise dieses Gerätes beruht darauf, daß im Inneren einer Ionisationskammer ein radioaktives Präparat dem luftgefüllten Raum zwischen zwei Elektroden (Kugelfeld) eine gewisse Leitfähigkeit verleiht. Greift nun durch die Öffnung des Instrumentes, die in Form einer Irisblende ausgeführt ist, ein elektrisches Feld, so entsteht ein Entladestrom, der an einem Widerstand einen der Feldstärke proportionalen Spannungsabfall hervorruft und der mit einem Elektrometer gemessen werden kann.

3. Versuchsergebnisse

Aus der Literatur [14] ist zu entnehmen, daß Isolierstoffbarrieren senkrecht eingebracht in ein elektrostatisches Feld keinen Einfluß auf die Anfangsspannung haben und zwar wenn der Schirm aus nichtleitendem Material besteht. Sollte zum anderen der eingebrachte Schirm aus leitendem Material bestehen und seine Lage einer Äquipotentialfläche entsprechen, wird er ebenfalls das Feld und damit die Anfangsspannung nicht verändern, wenn der Schirm gut isoliert angebracht wird. Das Anbringen eines leitenden Schirmes (Metall), dessen Lage nicht einer Äquipotentialfläche des ungestörten Feldes entspricht, wird nun allerdings das Feld verändern. Auf Grund der Tatsache, daß jedoch die Anfangsspannung von der Feldverteilung in unmittelbarer Nähe der gekrümmten Elektrode abhängig ist, dürfte jedoch nach Gänger sich auch bei Anbringen eines Metallschirmes die Anfangsspannung nicht ändern.

Ausgehend von diesen Überlegungen konnten die oben aufgeführten Hinweise auf die Konstanz der Anfangsspannung bei den anschließenden Untersuchungen nicht bestätigt werden, vielmehr machte sich beim Anbringen des Isolierschirmes parallel zur Entladungsrichtung je nach Elektrodenform eine mehr oder weniger starke Änderung der Anfangsspannung bemerkbar.

3.1 Anfangsspannung

Nach der in Kapitel 2.4.2 beschriebenen Methode wurden für die Elektroden mit variablen Schirmabständen a und Schlagweiten s die Werte der Anfangsspannung bei positiver Gleichspannung mit geerdeten und nicht geerdeten Schirmen sowie bei Wechselspannung bestimmt.

3.1.1 Wechselspannung

In Bild 2 sind die sich ergebenden Verhältnisse dargestellt. Eindeutig kann hier aus der Darstellung entnommen werden, daß mit zunehmender Homogenität der Stab-Stab-Elektrodenanordnung der Einfluß der Schirme auf die Anfangsspannung erheblich größer wird.

Diese Veränderung innerhalb der Anfangsspannungswerte einer Elektrodenanordnung ist darauf zurückzuführen, daß die Hartpapierschirme demnach das ursprüngliche elektrostatische Feld umgestalten. Je kleiner der Abstand der Schirme zu den Elektroden, umso größer ist der Inhomogenitätsgrad und umso kleiner ist der Wert der Anfangsspannung gegenüber der der ungeschirmten Anordnung.

Dieser Unterschied zwischen geschirmter und ungeschirmter Anordnung wird mit zunehmender Inhomogenität der Stababschlüsse immer geringer. D.h., daß bei scharfkantigen Elektroden zwar durch die Schirme eine Veränderung hervorgerufen wird, jedoch ist diese Veränderung durch das schon vorhandene inhomogene Feld herrührend von den Elektroden selber nicht so bemerkenswert wie bei relativ homogenen Anordnungen.

3.1.2 Gleichspannung

Gleiche Tendenzen bezüglich des Einflusses der Schirme auf die Anfangsspannung der Anordnungen lassen sich in nur wesentlich größerem Umfange bei den Untersuchungen mit Gleichspannung feststellen.

In den Bildern 3 und 4 kann gezeigt werden, daß hier die Werte der Anfangsspannung direkt proportional dem Schirmabstand und fast unabhängig von der Schlagweite sind. Auch hierbei kann davon ausgegangen werden, daß mit zunehmender Inhomogenität der Elektrodenanordnung die mögliche Erniedrigung der Anfangsspannung gegenüber den nicht geschirmten kleiner wird.

Deutliche Unterschiede in ihrem Verhalten bezüglich der Anfangsspannung zeigen die Elektrodenanordnungen, wenn die Schirme isoliert bzw. an Erde angelenkt angebracht werden.

Beim Vergleich der Bilder 4 und 5 wird deutlich, daß sich im Mittel die Anfangsspannungen zu höheren Werten hin verschieben. Bei der gezeigten Anordnung mit isolierten Schirmen ergeben sich ca. 12 kV Differenz. Der Tendenz nach ist dieses Verhalten auch bei den anderen Anordnungen festzustellen, wobei allerdings die auftretende Differenz zwischen den vergleichbaren Werten kleiner wird. Dies ist wiederum auf den unterschiedlichen Inhomogenitätsgrad der Elektrodenanordnungen zurückzuführen.

Ausgehend von diesen Ergebnissen kann demnach festgehalten werden, daß der größte Einfluß der Schirme auf die Anfangsspannung sowohl bei Wechsel- als auch bei Gleichspannung dann zu verzeichnen ist, wenn die Schirme an einer oder mehreren Stellen potentialmäßig mit Erde verbunden sind. Zum anderen muß nochmals deutlich darauf hingewiesen werden, daß in weiten Bereichen die Anfangsspannung nur vom Abstand a der Schirme zu den Elektroden abhängig ist (s. Bild 6).

Demnach muß das Einbringen des Isolierstoffes eine völlige Umgestaltung des ursprünglichen Feldes der Stab-Stab-Elektroden hervorrufen. Verantwortlich hierfür ist speziell die relative Dielektrikzitätszahl ε_r des Isolierstoffes, die bewirkt, daß die Feldlinien des ungestörten Feldes nun zum Isolierstoff hingezogen werden. Dies wiederum bringt ein Ansteigen der Feldstärke gegenüber der ungeschirmten Anordnung an der hochspannungsführenden Elektrode mit sich. Hierbei wird sich auch der Ort der maximalen Feldstärke, der bei der ungestörten Anordnung auf der Elektrodenachse an der Spitze der Elektroden auftritt, von der Achse weg verschieben.

Durch Beobachtung und Photographie der ersten Entladungen finden diese Überlegungen eine Bestätigung. Wie an Hand von Bild 7 festzustellen ist, treten die ersten Entladungen je nach Schirmabstand an verschiedenen Stellen der Elektrodenoberfläche den Schirmen gegenüber auf.

Ausgehend von diesen Darlegungen kann nun stark vermutet werden, daß im Bereich der Anfangsspannung die Schirme in Näherung wegen ihrer relativen Dielektrizitätszahl als Äquipotentialflächen angesehen werden können und damit eine Veränderung der Anfangsspannung bewirken.

3.2 Durchschlagspannung

Ausgehend von den Erkenntnissen, die bei der Bestimmung der Anfangsspannung gesammelt wurden, steht nun zu erwarten, daß auch die Durchschlagspannung der geschirmten Elektrodenanordnung gegenüber der ungeschirmten eine Veränderung erfährt.

3.2.1 Wechselspannung

Die Untersuchungen mit den Elektrodenanordnungen zeigten, daß sich die Durchschlagspannung der geschirmten Anordnungen gegenüber der ungeschirmten zu höheren Werten hin verändert. Es ergaben sich für die beiden untersuchten Elektrodenformen gleichwertige Verhältnisse, wobei, wie aus den Bildern 8 und 9 zu entnehmen ist, die höchste Festigkeit über dem gesamten ausgemessenen Schlagweitebereich bei kleinen Schirmabständen zu erwarten ist.
Dies kann hierauf zurückzuführen sein, daß ausgehend von der Erniedrigung der Anfangsspannung durch die Schirme, eine je nach Schirmabstand mehr oder weniger große Aufladung der Schirme durch Ladungsträger erfolgt.
Bekanntlich bewegen sich in einem inhomogenen Wechselfeld, nachdem an einer der Elektroden die Ionisierungsfeldstärke erreicht wurde, als Ladungsträger hauptsächlich positive Ionen und Elektronen.
Ihre Bewegungsrichtung entlang der Feldlinien ist entgegengesetzt und wechselt je nach Polarität der "sprühenden" Elektrode, wobei die Beweglichkeit der Elektronen um ein Vielfaches größer ist als die der Ionen.
Bezüglich der Ionisierungsfeldstärke verhalten sich in einem inhomogenen Wechselfeld die positiv bzw. negativ sprühenden Elektroden gleich, da nach [15, 16] für beide Polaritäten bei gleichen Spannungswerten die Anfangsspannung erreicht wird.

Die ausgesandten Ladungsträger werden nun auf ihrem Weg zur Gegenelektrode teils rekombinieren und teils durch Anlagerung an neutrale Atome eine Raumladung bilden. Wird nun in ein solches Wechselfeld ein Isolierstoffschirm senkrecht zur Elek-

trodenachse eingebracht, so bilden diese Schirme ein Hindernis
für die Bewegung der Raumladungen und können dadurch nach
[2, 14] ein gewisse Homogenisierung des Feldes und eine damit verbundene Erhöhung der Festigkeit bewirken. Es werden
nämlich bei wechselnder Polarität der Elektrode auf Grund der
geringen Beweglichkeit der positiven Ionen im Mittel die
Schirme eine positive Ladung erhalten [14], wobei die Elektronen, die kaum zur Bildung einer negativen Raumladung aus
Ionen beitragen, wegen ihrer höheren Beweglichkeit bei Wechsel
der Polarität ihre Bewegungsrichtung umkehren und von der
Elektrode wiederum aufgesogen werden.

Ähnliche Verhältnisse können auch bei den untersuchten parallel
geschirmten Anordnungen vorausgesetzt werden. Es ergeben sich
ebenfalls durch das Aufsprühen von Ladungsträgern hier im
Mittel positive Aufladungen der Schirme, die zur Vergleichmäßigung des Feldes und der damit verbundenen Erhöhung der
Festigkeit beitragen.
Allerdings ist hier nicht die Tendenz zur Bildung eines Maximums
der Festigkeit bei variabelen Schirmabständen festzustellen [14],
vielmehr ergibt sich aus den Untersuchungen ein nahezu linearer
Abfall der Festigkeit mit größer werdendem Schirmabstand.

3.2.2 Gleichspannung

Bei der Ermittlung der Anfangsspannung konnte festgestellt
werden, daß sich die Elektroden bei positiver bzw. negativer
Gleichspannung gleich verhielten. Bezüglich der Durchschlagspannung muß jedoch festgehalten werden, daß sich hier ein
Polaritätseffekt bemerkbar machte.
Wie zu erwarten, ergaben sich bei der negativen Gleichspannung
höhere Werte der Durchschlagspannung als bei positiver Gleichspannung (Bild 10).

Hier konnten nun zum ersten Mal ähnliche Verhältnisse angetroffen werden, wie bei senkrecht zur Elektrodenachse angebrachten Isolierstoffschirmen.
Wie an Hand der Bilder 11 und 12 verdeutlicht werden kann,
ergeben sich bei kleinen Schirmabständen gegenüber den

ungeschirmten Anordnungen Erhöhungen in der Festigkeit, die
dann bei positiver spannungsführender Elektrode mit zunehmendem Schirmabstand a auf die Werte der Festigkeit abfallen,
die bei der ungeschirmten Anordnung gemessen werden konnten.
Bei der negativen spannungsführenden Elektrodenanordnung hingegen durchläuft die Festigkeit bei variablem Schirmabstand
und konstanter Schlagweite nach Erreichen eines Höchstwertes
ein Minimum, um danach wieder die Festigkeit der ungeschirmten
Anordnung zu erreichen.

Diese Tendenz zur Bildung eines Minimums der Festigkeit bei
negativer Gleichspannung kann damit erklärt werden, daß in
diesem Bereich an der geerdeten Elektrode ebenfalls die
Ionisierungsfeldstärke überschritten wird und nun zusätzlich
positive Ladungsträger auf die Schirme gesprüht werden. Dieses
hat eine zwar geringe aber doch wirksame zusätzliche Inhomogenisierung des Feldes und damit verbundene Erniedrigung der
Festigkeit gegenüber der ungeschirmten Anordnung zur Folge.

4. Untersuchungen mit Blitzstoßspannungen

Eine geöffnete Schaltstrecke eines Trennschalters wird nicht nur durch die anliegende Betriebsspannung beansprucht, sondern zusätzlich dann, wenn durch innere bzw. äußere Überspannungen eine Wanderwelle in die Anlage einzieht. Die Prüfung, in wie weit ein Trennschalter dieser Beanspruchung standhält, wird im allgemeinen mit der sog. Blitzstoßspannung durchgeführt. Demnach ist es durchaus interessant und notwendig, die vorangegangenen Untersuchungen durch solche mit Blitzstoßspannung zu ergänzen und zu vervollständigen.

4.1 Erzeugung und Messung der Blitzstoßspannung

Für die experimentelle Durchführung der Versuche stand eine zweistufige Stoßanlage in der Schaltung a [17] zur Verfügung, die es erlaubte Blitzstoßspannungen bis 180 kV bei einer Leistung der Anlage von 120 Ws zu erzeugen.
Mit Hilfe eines kapazitiven Spannungsteilers, der aus der Belastungskapazität und einem Unterkondensator bestand, konnte über ein Scheitelspannungsmeßgerät der Scheitelwert der Blitzstoßspannung am Prüfling ermittelt werden. Diese geeichte Meßeinheit hat einen Meßfehler unter 1%.

4.2 Verhaltensfunktion

Im Gegensatz zu den Untersuchungen mit Wechsel- und Gleichspannung kann bei Blitzstoßspannung nicht von einer Durchschlag- bzw. Überschlagspannung in dem Sinne gesprochen werden, daß bei Spannungssteigerung bei einem bestimmten Wert der am Prüfling anliegenden Spannung diese zusammenbricht. Vielmehr beschreibt in diesem Falle die sog. Verhaltensfunktion das Verhalten eines Prüflings bei Beanspruchung mit Blitzstoßspannung. Ist diese Verhaltensfunktion nun eine Normalverteilung, so kann nach [18] die sog. 50 %-Durchschlagspannung das Verhalten einer Elektrodenanordnung gut beschreiben. Hierbei sollen dann 50 % aller Beanspruchungen am Prüfobjekt einen Durch- bzw. Überschlag hervorrufen, wobei der Wert der Spannung mit steigender Versuchszahl genauer wird. In [17] wird die Zahl der Einzelbeanspruchung bei der Ermittlung der 50 %-Durchschlagstoßspannung mit 10 angegeben.

Diese doch geringe Anzahl der Versuche kann natürlich nur eine ziemlich ungenaue Aussage sein. Ein Verfahren zur genaueren Ermittlung dieses Spannungswertes gibt Baumann [18] an. Hierbei wird davon ausgegangen, daß die Verhaltensfunktion einer Elektrodenanordnung als normal verteilt angesehen werden und daher in ihrem mittleren Bereich durch eine Gerade angenähert werden kann. Wird nun mit 25 Einzelbeanspruchungen gleicher Höhe diese Gerade durch 4 Punkte bestimmt, bei denen 20 %, 40 %, 60 % und 80 % der Spannungsbeanspruchungen zum Durchschlag führen, so kann die 50 %-Durchschlagstoßspannung graphisch mit einem Fehler kleiner als 1 % aus diesen Werten ermittelt werden.

Um zu überprüfen, ob die untersuchten Elektrodenanordnungen als Verhaltensfunktion eine Normalverteilung haben, wurde die Verhaltensfunktion mit 100 Einzelmessungen pro Meßpunkt ermittelt.

In Bild 13 sind diese Verhältnisse für die halbkugelförmige Elektrodenanordnung im Wahrscheinlichkeitsnetz dargestellt, wobei die gestrichelten Verläufe die Verhaltensfunktionen der ungeschirmten Anordnung wiedergeben. Eindeutig ist hier zu sehen, daß sich die Verbindungslinie der einzelnen Meßpunkte recht genau durch eine Gerade annähern läßt, welches dann auf Grund der Darstellung im Wahrscheinlichkeitsnetz auf eine Normalverteilung hinweist. Diese Tatsache gilt für alle untersuchten Schlagweiten von s = 30 bis 150 mm.
Die durchgezogenen Verbindungslinien der einzelnen Meßpunkte kennzeichnen die Verhaltensfunktionen der mit a = 5 mm geschirmten Elektrodenanordnung. Auch hier kann davon ausgegangen werden, daß es sich um Normalverteilungen handelt, wobei die teilweise eingezeichneten Vertrauensbereiche einen Eindruck über die Streuung der Ergebnisse bei einer Sicherheit von s = 99 % vermitteln.
Ebenfalls verschieben sich, wie zu erwarten, die Verhaltensfunktionen mit zunehmenden Schlagweiten s zu höheren Werten der an der Anordnung liegenden Spannung.
Ausgehend von diesen Untersuchungen, die bestätigen, daß die Elektrodenanordnungen bezüglich der Beanspruchung mit Blitzstoßspannung eine normalverteilte Verhaltensfunktion besitzen, wurden nun die nachfolgenden Ergebnisse der 50 %-Durchschlagstoßspannung mit dem in [18] beschriebenen Verfahren ermittelt.

4.3 Versuchsergebnisse

Bevor im einzelnen auf die Ergebnisse der Untersuchungen eingegangen wird, soll kurz der physikalische Ablauf des Stoßdurchschlages erläutert werden. Dies scheint notwendig, damit bei der späteren Betrachtung hierauf zurückgegriffen werden kann.

4.3.1 Theorie des Stoßdurchschlages

4.3.1.1 Entstehung einer Lawine

Um grundsätzlich bei Beanspruchung mit Blitzstoßspannung eine Entladung einleiten zu können, müssen im entsprechenden Feldraum freie Ladungsträger vorhanden sein, welches im allgemeinen durch sog. Sekundärprozesse (kosmische Strahlung, radioaktiver Zerfall u.ä.) immer der Fall ist.

Dieses eine bzw. diese mehreren im Entladungsraum vorhandenen "Anfangselektronen" werden nun in Richtung des Feldes stark beschleunigt und können bei genügend großer Feldstärke neutrale Gasmoleküle stoßionisieren. Hierbei entsteht ein zweites Elektron, welches wiederum mit dem verlangsamten Anfangselektron Energie zur Stoßionisation bei Bewegung in Feldrichtung aufnehmen kann und so eine rasche Vermehrung der Ladungsträger bewirkt. Diese Vermehrung wird als Lawinenbildung[19 u.a] bezeichnet, wobei im Lawinenkopf eine starke Konzentration von Elektronen vorliegt. Der Lawinenrumpf besteht aus positiven Ionen, die sich im Gegensatz zu den Elektronen nur langsam zur Kathode hin bewegen.

4.3.1.2 Durchschlag aus dem Kanalaufbau

Die Entwicklung der Entladung zum hochleitenden Durchschlagskanal kann entweder durch den Generationenaufbau [20] oder durch den Kanalaufbau erfolgen. Da jedoch der Kanalaufbau wesentlich schneller erfolgt als der Generationenaufbau und zum anderen wie Raether [20] feststellte, der Generationenaufbau meist bei der statischen Durchbruchspannung erfolgt, wird bei Stoßspannungsbeanspruchung der Durchschlag durch den Kanalaufbau eingeleitet.

Dieser Kanalaufbau stellt sich nach [21, 22, 20] in drei Teilabschnitten dar:

1. Eine Elektronenlawine wird vor Erreichen der Anode instabil, d.h. ihre Trägerkonzentration erreicht Werte von e^{20} und kommt somit in den Bereich ihrer "kritischen Verstärkung".
2. Es entstehen ein anoden- und ein kathodenseitiger Entladungskanal aus dem Lawinenkopf. Diese wachsen bis zur Vollendung eines durchgehenden, die Schlagweite überbrückenden Vorentladungskanal vor.
3. Die Umwandlung dieses Vorentladungskanals erfolgt durch starke Anziehung von Elektronen aus dem übrigen Feldraum in den eigentlichen Durchschlagkanal.

4.3.2 50 %-Durchschlagstoßspannung

In Bild 14 ist die 50 %-Durchschlagstoßspannung in Abhängigkeit von der Schlagweite s aufgetragen, wobei der Schirmabstand a als Parameter eingetragen ist. Eine eindeutige Aussage hinsichtlich des Einflusses der Schirme kann aus dieser Darstellung nicht gewonnen werden.

Eine wesentlich aussagekräftigere Darstellung ist in Bild 15 zu sehen. Hier wurde die Durchschlagspannung in Abhängigkeit vom Schirmabstand a mit der Schlagweite s als Parameter aufgezeichnet. Deutlich kann hier die Tendenz zur Ausbildung eines Maximums bei $a = s/2$ in der Festigkeit bei allen gemessenen Schlagweiten festgestellt werden. Dieses Maximum ist besonders bei den kleinen Schlagweiten sehr ausgeprägt und kann bei s = 30 mm 50 % Erhöhung der Festigkeit ergeben. Bei großen Schlagweiten hingegen ist zwar immer noch eine leichte Erhöhung der Festigkeit gegenüber der schirmlosen Anordnung zu erkennen, ihr Wert wird allerdings kleiner.

Bemerkenswert ist zum anderen, daß für die großen Schlagweiten bei kleinen Schirmabständen eine nicht unerhebliche Verminderung der Festigkeit gegenüber der ungeschirmten Anordnung erkennbar ist.

4.3.2.1 Erniedrigung der Festigkeit bei kleinen Schirmabständen

Aus der Literatur [23, 24 u.a.] ist bekannt, daß schon weit unterhalb der Durchschlagspannung auch bei Stoßspannung Vorentladungen auftreten, die als Stoßkorona bezeichnet werden. Diese Stoßkorona wächst mit großer Ausbreitungsgeschwindigkeit zur Gegenelektrode vor, wobei laufend neue Elektronen und positive Ionen erzeugt werden. Die Elektronen werden vom positiven Stab bei gleichzeitiger Rekombinierung eines Teils der positiven Ionen angezogen. Die positiven Ionen bleiben auf Grund ihrer kleineren Beweglichkeit während dieses Vorgangs nahezu unbeweglich. Die Streamer breiten sich durch weitere Lawinenbildung aus und schieben eine positive Raumladung vor sich her. Da sich dieses Vorwachsen räumlich ausbreitet, können die Streamer auch die den Entladungsraum begrenzenden Schirme erreichen, wobei diese durch die Raumladung positiv aufgeladen werden. Diese Aufladung erfolgt in sehr kurzer Zeit infolge von Gleitentladungen über einen großen Teil der Schirmfläche. Dadurch wird die große Feldstärke von dem positiven Stab weit in den Entladungsraum hineingetragen und der Durchschlag kann einsetzen, wobei allerdings der Durchschlag nicht entlang der Schirme, sondern im Raum zwischen den Schirmen vonstatten geht.

In den Bildern 16 und 17 ist diese Ausbildung der Gleitentladungen auf den Schirmen durch Auflegen von Photopapier sichtbar gemacht worden. Jeweils am unteren Rand der Bilder befand sich der positive Stab. Deutlich ist hier zu zeigen, daß trotz der unterschiedlichen Zeit, mit der die Entladung auf die Schirme einwirken konnte, eine Änderung der Ausdehnung der Gleitentladungen nicht feststellbar ist. Die variable Einwirkdauer der Stoßspannung konnte durch eine parallel zum Prüfling angeordnete Abschneidefunkenstrecke eingestellt werden. Diese Tatsache der sehr schnellen Ausdehnung wird auch noch erhärtet, wenn die Bilder 18 und 19 betrachtet werden. Sie stellen Oszillogramme des über einen sehr kapazitätsarmen Spannungsteiler gemessenen Oberflächenpotentials der Schirme dar und wurden gleichzeitig mit den Entladungsbildern aufgenommen. Der Verlauf bis zum

Sprung in der Spannung entspricht dem Anstieg der Stoßspannung.
Der Sprung bedeutet, daß - bei ungestörtem Teilerverhältnis -
Ladungen auf den Schirmen auftreffen, die sich dann bei gleichzeitiger Abnahme des Potentials auf den Schirmen verteilen.
Anschließend bleibt die Spannung bis zum Zeitpunkt des Abschneidens nahezu konstant. Somit kann aus diesen Bildern
festgestellt werden, daß die Verteilung der Ladungen auf den
Schirmen innerhalb einer Zeit $t < 0,5\,\mu s$ vor sich geht.

Die Aufladung der Schirme wird nun bei gleichem Wert der Stoßspannung und gleicher Schlagweite, aber größer werdendem Abstand der Schirme geringer. Die Bilder 20, 21 und 22 zeigen
mit zunehmendem Abstand eine immer geringer werdende Gleitentladungstätigkeit und auch eine kleinere Aufladung, wie auf
Grund der geringer werdenden Höhe des Sprunges im Potentialverlauf zu entnehmen ist.
Dadurch, daß durch Aufladung das Potential der Schirme kleiner
wird und im Grenzfall bei sehr großen Abständen eine Aufladung
durch Vorentladungen nicht stattfindet, erhöht sich die Festigkeit mit zunehmendem Schirmabstand.

4.3.2.2 Maximum der Festigkeit bei $a = s/2$

Lennertz [25] beschreibt das Durchschlagverhalten der Reihenschaltung zweier inhomogener Funkenstrecken, indem er davon
ausgeht, daß diese vorwiegend abhängig von der Spannungsverteilung über den Strecken ist. Hierbei kann dann bei ungleicher
Spannungsverteilung, wie sie sich durch Streukapazitäten einstellen, die Durchschlagfestigkeit nur wenig größer sein als
die der Einzelstrecke. Durch Steuerung mit Parallelkapazitäten
zu den Funkenstrecken erhöht sich deren Festigkeit. Diese
Erhöhung der Festigkeit kann unter günstigen Voraussetzungen
den Wert der Durchschlagspannung einer einzelnen Strecke mit
der doppelten Schlagweite überschreiten.

Werden diese Vorstellungen auf die untersuchte geschirmte
Elektrodenanordnung übertragen, so kann durchaus auch hier ein
ähnliches Verhalten festgestellt werden. Die Elektrodenanordnung kann als Parallelschaltung von Stab-Stab-Elektroden und

einer Reihenschaltung aus positivem Stab-Schirm und Schirm
- geerdetem Stab - also zwei Spitze-Platte-Anordnungen angesehen werden. Es ergibt sich nun die Möglichkeit, analoge
Schlüsse zu den von [25] durchgeführten Untersuchungen zu
ziehen.

Für kleine Schirmabstände ist die Summe der beiden Schirmabstände immer kleiner als der Abstand der Elektroden, folglich
wird für die Festigkeit hier eine Reihenschaltung zweier
Funkenstrecken Gültigkeit haben, bei der die Gesamtschlagweite kleiner ist als die der ungeschirmten Anordnung. Somit
kann die Festigkeit der ungeschirmten Anordnung nicht erreicht
werden, sie wird niedriger sein.
Diese Erniedrigung der Festigkeit wird nun mit zunehmendem
Schirmabstand geringer und kann sogar in eine Erhöhung übergehen. Besonders dann, wenn die Schirmabstände a halb so groß
sind wie die Schlagweite ist die Festigkeit maximal. Hier
wird nämlich die Tatsache berücksichtigt, daß die Reihenschaltung zweier Funkenstrecken mit dem Abstand a = s/2 bei
gleicher Spannungsaufteilung auf die Strecken durchaus größer
sein kann als die einer Funkenstrecke mit dem Abstand s bei
gleicher Spannung.
Aus Bild 15 ist des weiteren zu entnehmen, daß die Tendenzen
zur Bildung eines Maximums bei a = s/2 mit zunehmender Schlagweite immer mehr abnimmt. Dies kann darauf zurückgeführt
werden, daß mit größer werdender Schlagweite die immer vorhandenen Streukapazitäten gegen Erde nicht mehr zu vernachlässigen sind und somit eine "Versteuerung" der geschirmten
Anordnung feststellbar ist. Diese Versteuerung kann durch
parallel geschaltete Kapazitäten, wie Lennertz [25] nachgewiesen hat, rückgängig gemacht werden.
In Bild 23 sind die Verhältnisse dargestellt, wenn der Schirm
über eine Kapazität von 20 pF an die hochspannungsführende
Elektrode angekoppelt ist. Deutlich ist hier gegenüber der
ungesteuerten Anordnung zu erkennen, daß sich die Festigkeit
wesentlich erhöhen läßt.

5. Zusammenfassung

Die Untersuchungen haben gezeigt, daß ähnlich wie bei Elektrodenanordnungen mit senkrecht zur Elektrodenachse angebrachten Isolierschirmen auch bei Anordnungen mit parallelen Schirmen - wie sie unter anderem im Schalterbau als Phasentrennwände verwandt werden - in Abhängigkeit vom Abstand der Schirme zu den Elektroden eine Erhöhung der Festigkeit auftreten kann. Diese Erhöhung der Festigkeit gegenüber der schirmlosen Anordnung wird bei Wechsel- und Gleichspannung durch eine Aufladung der Schirme hervorgerufen. Die Aufladung wiederum hat ihren Ursprung in dem Auftreten von Vorentladungen, die bei jeder inhomogenen Anordnung unterhalb der Durchschlagspannung anzutreffen sind. Diese Vorentladungen treten nun ebenfalls je nach Abstand der Schirme bei unterschiedlichen Werten der anliegenden Spannung auf. Eindeutig zeigt sich hier der Einfluß der Schirme, indem nämlich die Anfangsspannung direkt proportional dem Abstand der Schirme ist. Ebenso verhält sich die Durchschlagspannung, wobei die größte Erhöhung der Festigkeit bei kleinen Schirmabständen zu erwarten ist. Diese Erhöhung bei kleinen Abständen bringt nun aber eine sehr starke Erniedrigung der Anfangsspannung mit sich, so daß hierbei die Aufladung von Isolierstoffen, wie sie die Schirme darstellen, schon bei kleinen Spannungswerten möglich ist.

Weitere Erkenntnisse konnten bei den Versuchen mit Blitzstoßspannung gewonnen werden, die darauf schließen lassen, für den Abstand der Schirme den Wert der halben Schlagweite zu wählen. Werden diese Werte gewählt, so ergibt sich bei der untersuchten Anordnung für alle gemessenen Schlagweiten eindeutig ein Maximum in der Festigkeit. Diese Erhöhung gegenüber der ungeschirmten Anordnung kann analog auf das Verhalten der Reihenschaltung von inhomogenen Funkenstrecken zurückgeführt werden. Durch entsprechende Steuerung ergibt sich des weiteren die Möglichkeit besonders bei großen Schlagweiten das Maximum der Festigkeit gegenüber der ungesteuerten Anordnung zu erhöhen.

Literaturverzeichnis

[1] E. Marx — Der elektrische Durchschlag von Luft im inhomogenen Feld
Arch. El. 24 (1930), S. 61

[2] H. Roser — Dünne Schirme im raumladungsbeschwerten Entladungsfeld
Diss. TH Braunschweig 1930

[3] M.P. Verma — Durchschlagspannung und Durchschlagvorgang für die Anordnung Spitze-Platte mit Schirm
Diss. TU Dresden 1961

[4] M. Abou Alia — Ein Beitrag zum Stoßdurchschlag einer Spitze-Platte-Funkenstrecke mit Isolierschirm
Diss. TU Stuttgart 1966

[5] H. Remde — Stoßdurchschlag einer Spitze-Platte-Funkenstrecke mit Isolierschirm
Diss. TU Stuttgart 1969

[6] VDE 0434 Teil 2

[7] IEC Recommendation: High-voltage test techniques
Publication 60 (1962)

[8] VDE 0303 Teil 4

[9] DIN 50 482

[10] W.O. Schumann — Elektrische Durchbruchfeldstärke von Gasen
Springer, Berlin 1923

[11] W. Plinke — Die Ausbildung von Teilentladungen an Spitzen in Luft
ETZ-A 88 (1967), S. 287-291

[12] G.W. Trichel The Mechanism of the Negative Point-to-Plane Corona near Onset
Phys. Rev. 54 (1938), S. 1078-1084

[13] E. Peschke Der Durch- und Überschlag bei hoher Gleichspannung in Luft
Diss. TH München 1968

[14] E. Gänger Der elektrische Durchschlag von Gasen
Springer, Berlin 1953

[15] K. Feser Inhomogene Luftfunkenstrecken bei verschiedener Spannungsbeanspruchung
Diss. TH München 1970

[16] H. Steinbigler Anfangsfeldstärken und Ausnutzungsfaktoren rotationssymmetrischer Elektrodenanordnungen in Luft
Diss. TH München 1969

[17] VDE 0433 Teil 3

[18] W. Baumann Statistischer Fehler bei der Bestimmung der 50 %-Überschlagstoßspannung
ETZ A 78 (1957) S. 369-375

[19] A. Hochrainer Zur Darstellung von Entladungsvorgängen in inhomogenen Anordnungen
ETZ A 90 (1969) S. 275-279

[20] H. Raether Die Elektronenlawine und ihre Entwicklung
Ergebnisse exakter Naturwissenschaft
Bd. 33 (1961) S. 175-258

[21] R. Strigel Elektrische Stoßfestigkeit
Springer, Berlin 1955

[22] H. Winkelnkemper Die Entwicklung der Vorentladungskanäle bis zum Durchschlag im homogenen Feld in Luft
Archiv für Elektrotechnik, Bd. 51 (1966), Nr. 1, S. 1-15

[23] H. Baatz
H. Böcker
A. Fischer
Über die Entwicklung des Stoßdurchschlages bei Stabfunkenstrecken
ETZ A 83 (1962) S. 909-916

[24] G. Baller
Vorentladungen bei Stoßspannungen verschiedener Stirnsteilheiten an einer Stabfunkenstrecke in Luft
Diss. TU Stuttgart 1968

[25] H. Lennertz
Das Verhalten von zwei in Reihe geschalteten inhomogenen Funkenstrecken bei Blitzstoßspannung
Diss. TH Aachen 1973

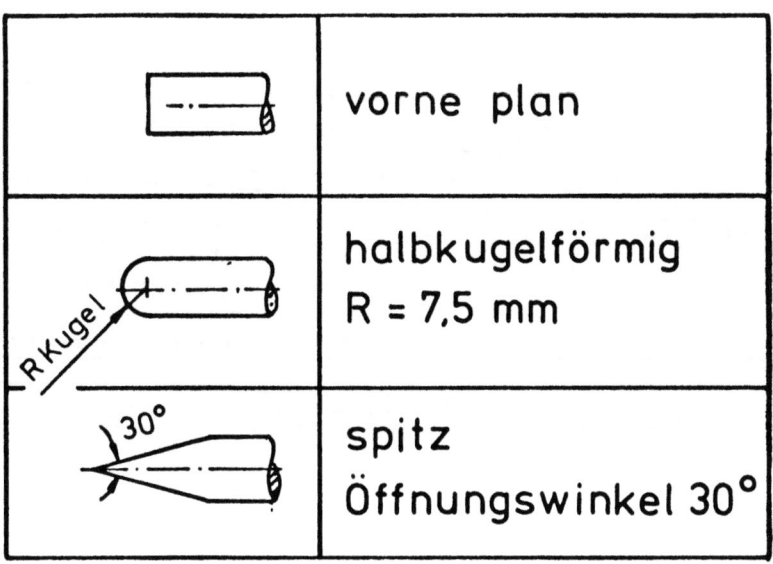

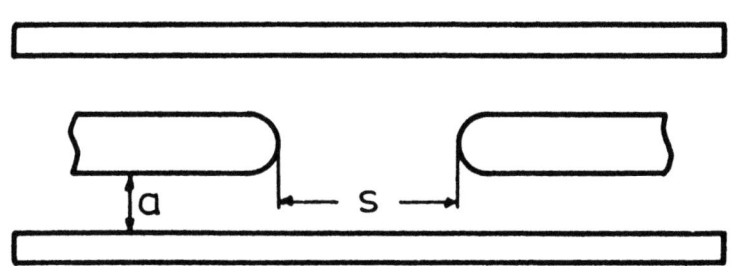

Bild 1: Elektrodenformen und Bemaßung

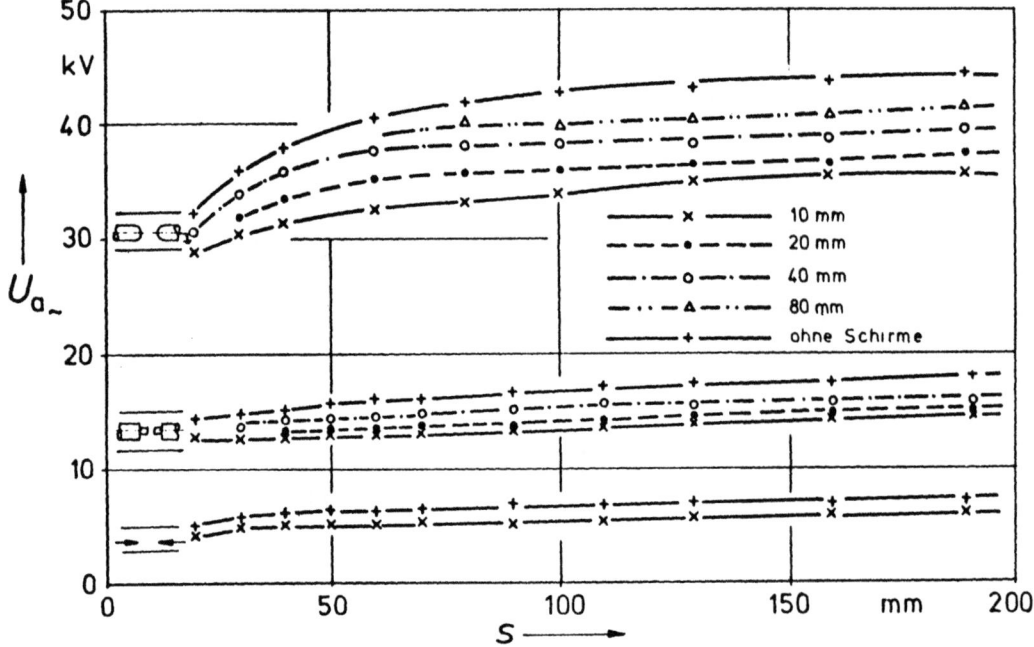

Bild 2: Anfangsspannung $U_{a\sim}$ in Abhängigkeit von der Schlagweite s mit Schirmabständen a und Elektrodenformen als Parameter

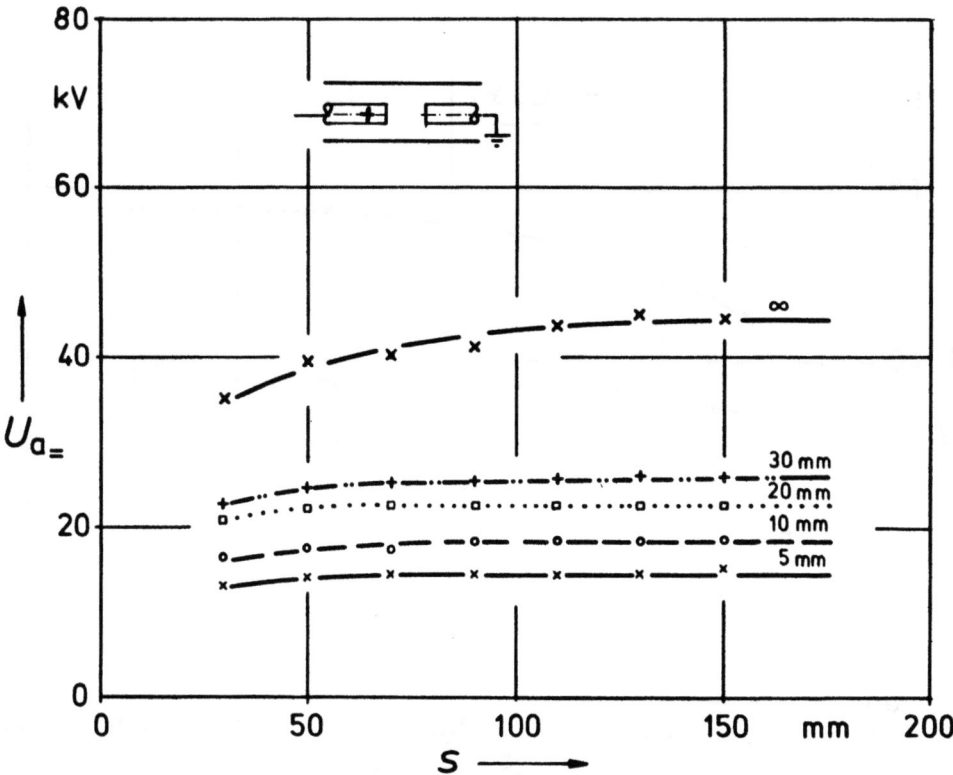

Bild 3: Anfangsspannung $U_{a=}$ in Abhängigkeit von der Schlagweite s mit Schirmabständen a als Parameter bei geerdeten Schirmen

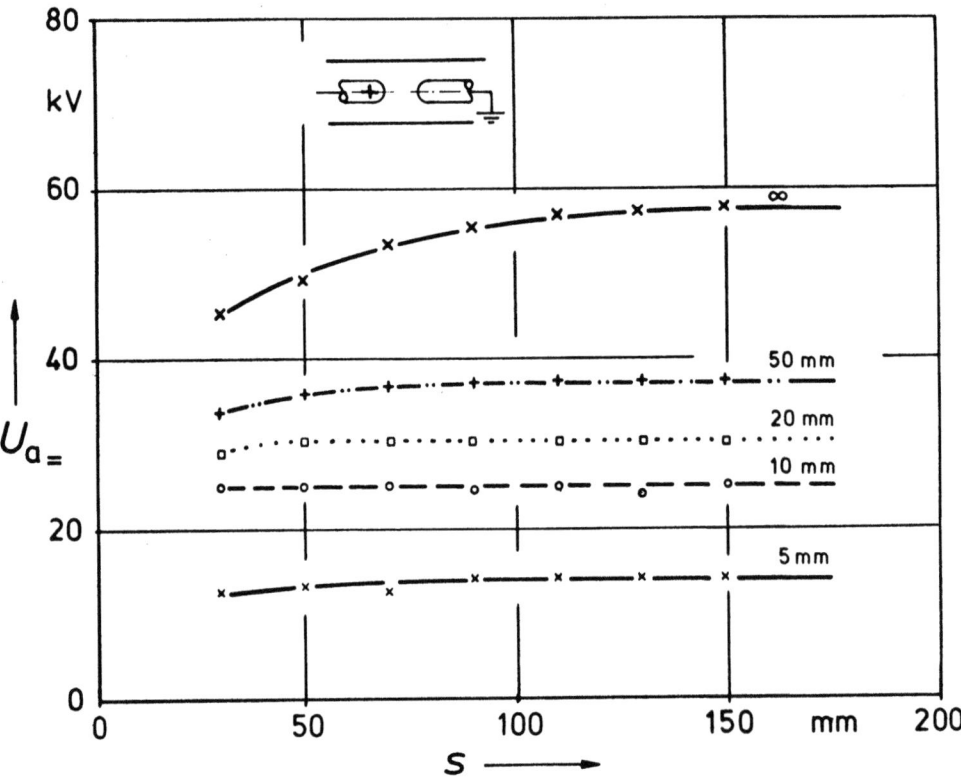

Bild 4: Anfangsspannung $U_{a=}$ in Abhängigkeit von der Schlagweite s mit Schirmabständen a als Parameter bei geerdeten Schirmen

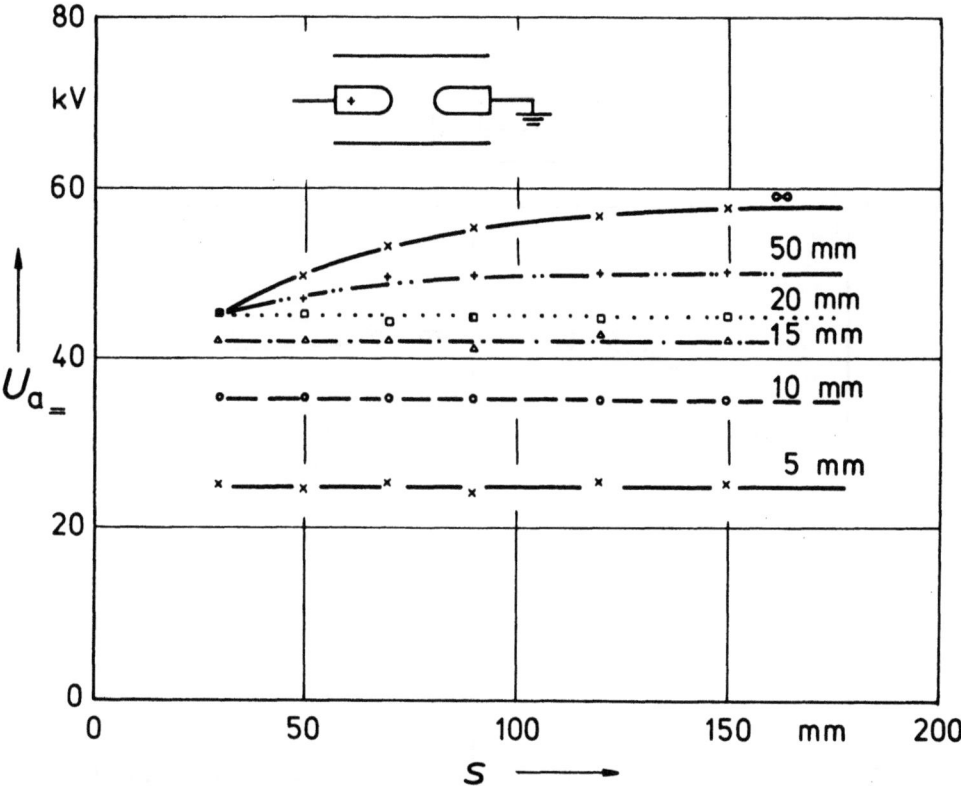

Bild 5: Anfangsspannung $U_{a=}$ in Abhängigkeit von der Schlagweite s mit Schirmabständen a als Parameter bei <u>nicht</u> geerdeten Schirmen

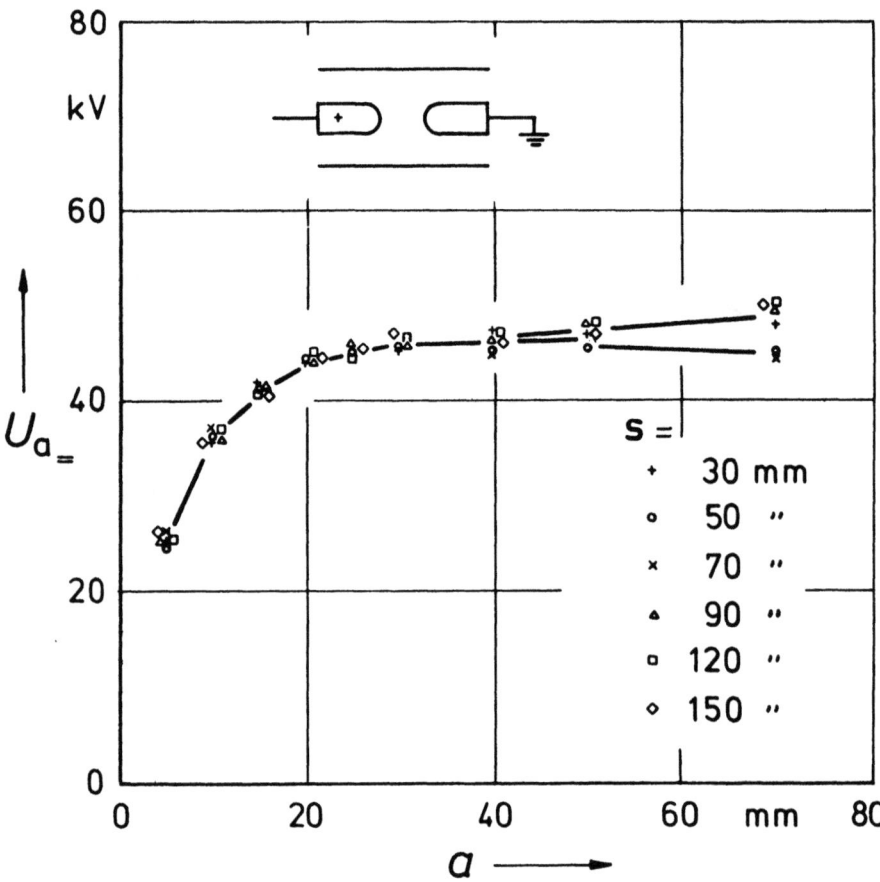

Bild 6: Anfangsspannung $U_{a=}$ in Abhängigkeit vom Schirmabstand a mit Schlagweite s als Parameter

a = 5 mm
s = 150 mm
$U_=$ = 26 kV

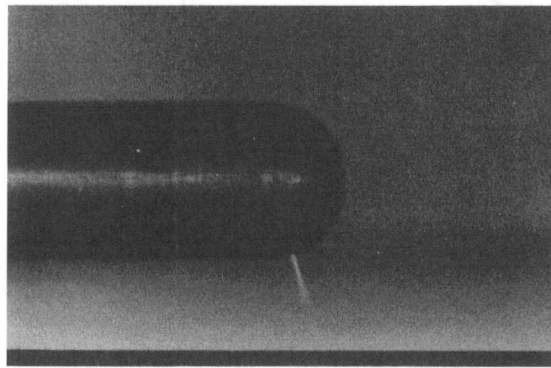

a = 10 mm
s = 150 mm
$U_=$ = 36 kV

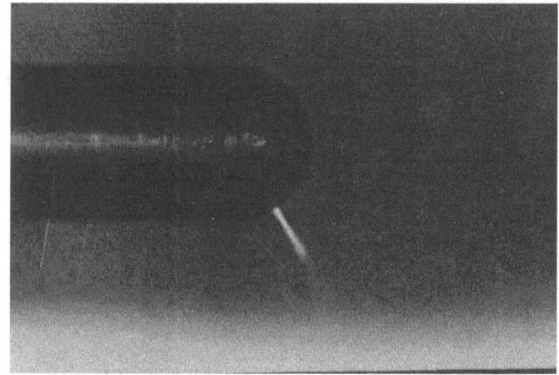

a = 15 mm
s = 150 mm
$U_=$ = 42 kV

Bild 7: Vorentladungen im Bereich der Anfangsspannung $U_{a=}$ bei konstanter Schlagweite s = 150 mm und Schirmabständen a = 5, 10 und 15 mm

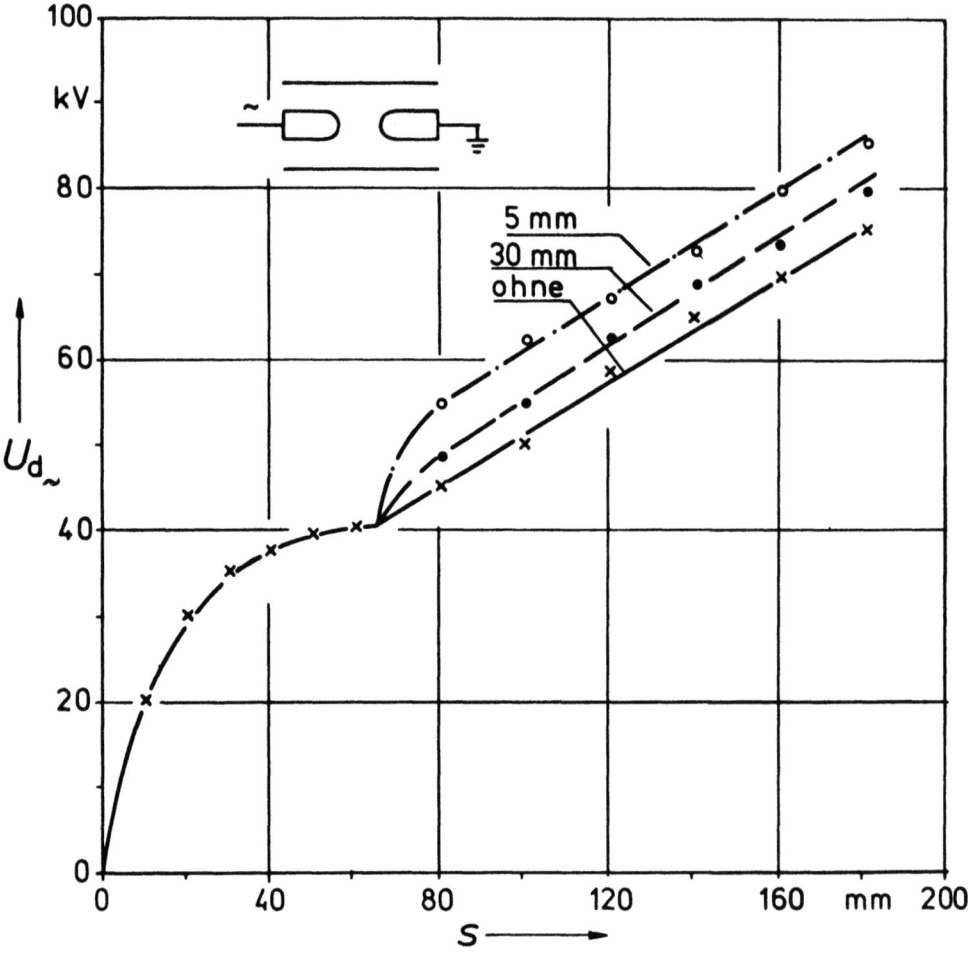

Bild 8: Durchschlagwechselspannung $U_{d\sim}$ in Abhängigkeit von der Schlagweite s mit Schirmabstand a als Parameter

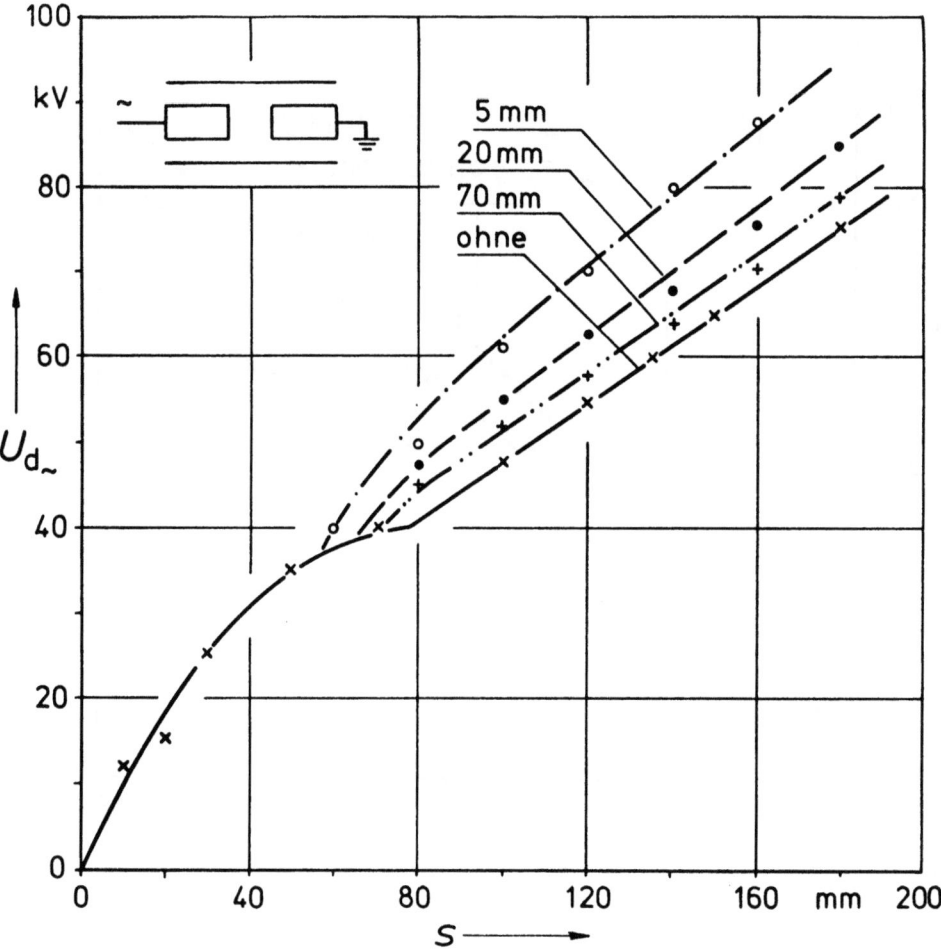

Bild 9: Durchschlagwechselspannung $U_{d\sim}$ in Abhängigkeit von der Schlagweite s mit Schirmabstand a als Parameter

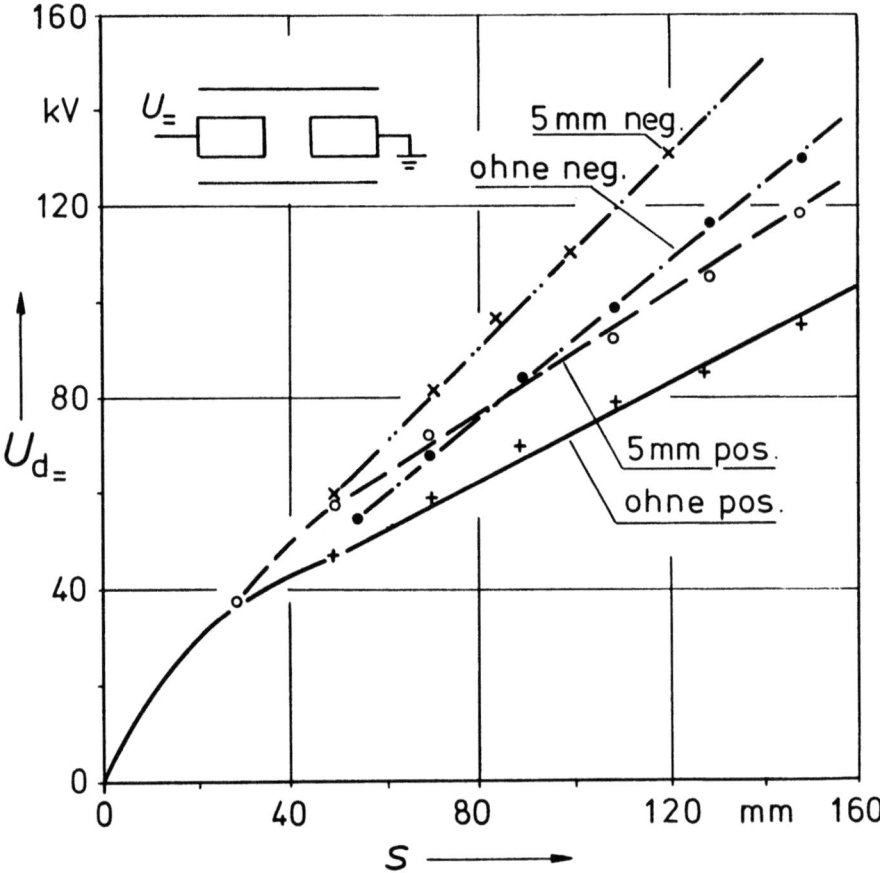

Bild 10: Durchschlaggleichspannung $U_{d=}$ in Abhängigkeit von der Schlagweite s mit Schirmabständen a und Polarität als Parameter

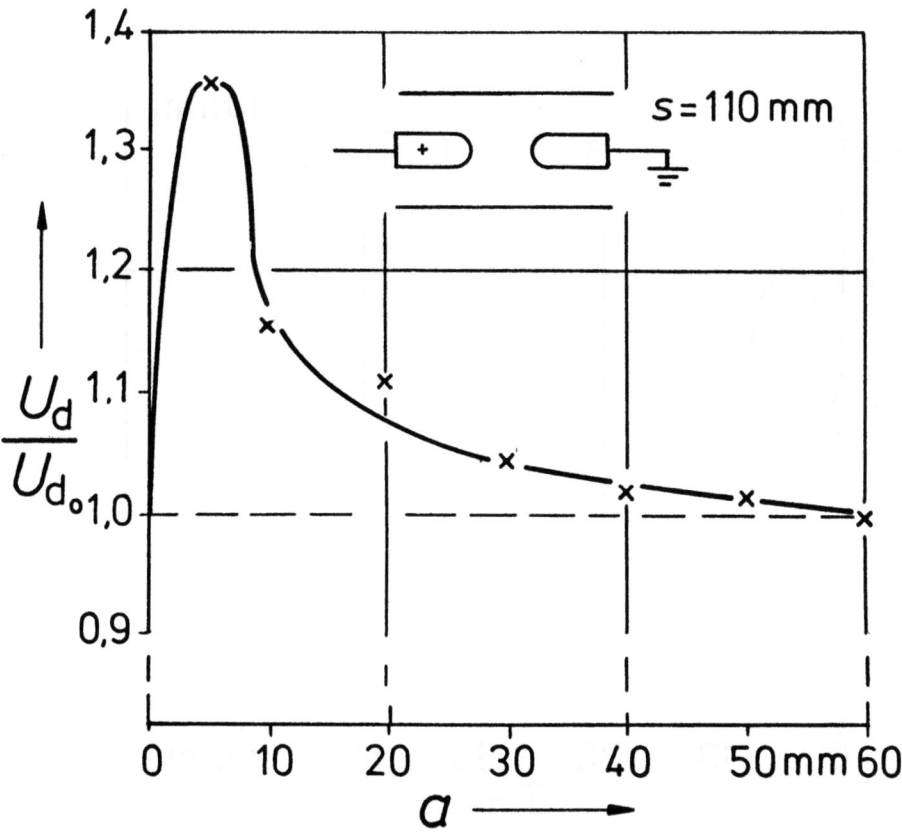

Bild 11: Auf den Wert der ungeschirmten Anordnung bezogene Durchschlaggleichspannung $U_{d=}$ bei s = 110 mm und positiver Polarität in Abhängigkeit vom Schirmabstand a

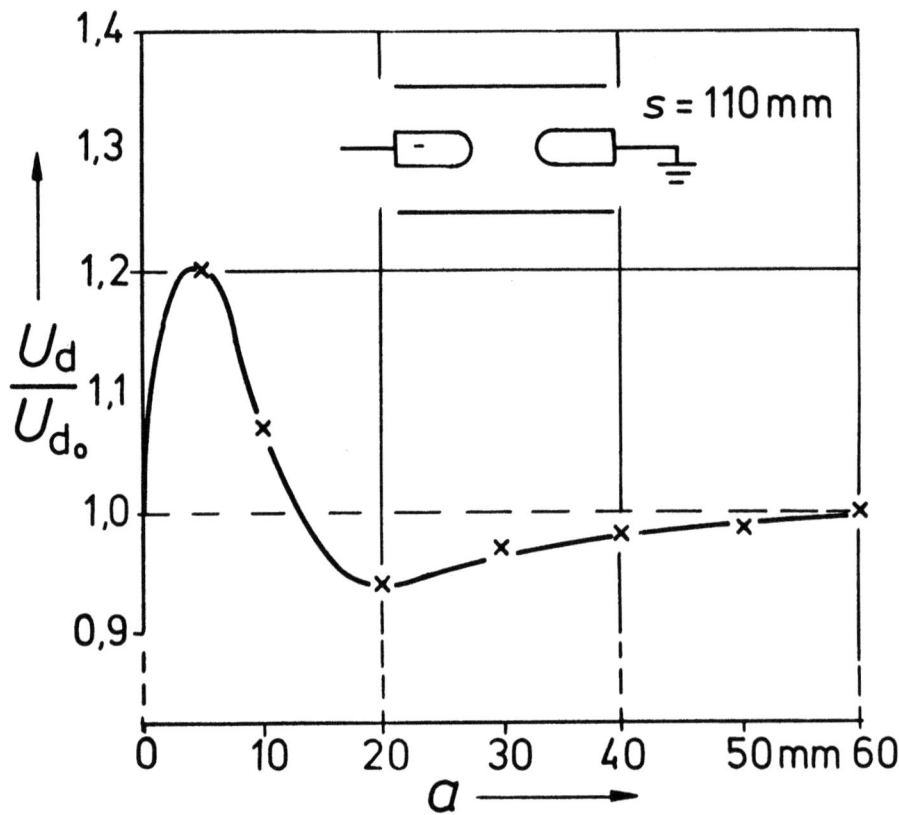

Bild 12: Auf den Wert der ungeschirmten Anordnung bezogene Durchschlaggleichspannung $U_{d=}$ bei s = 110 mm und negativer Polarität in Abhängigkeit vom Schirmabstand a

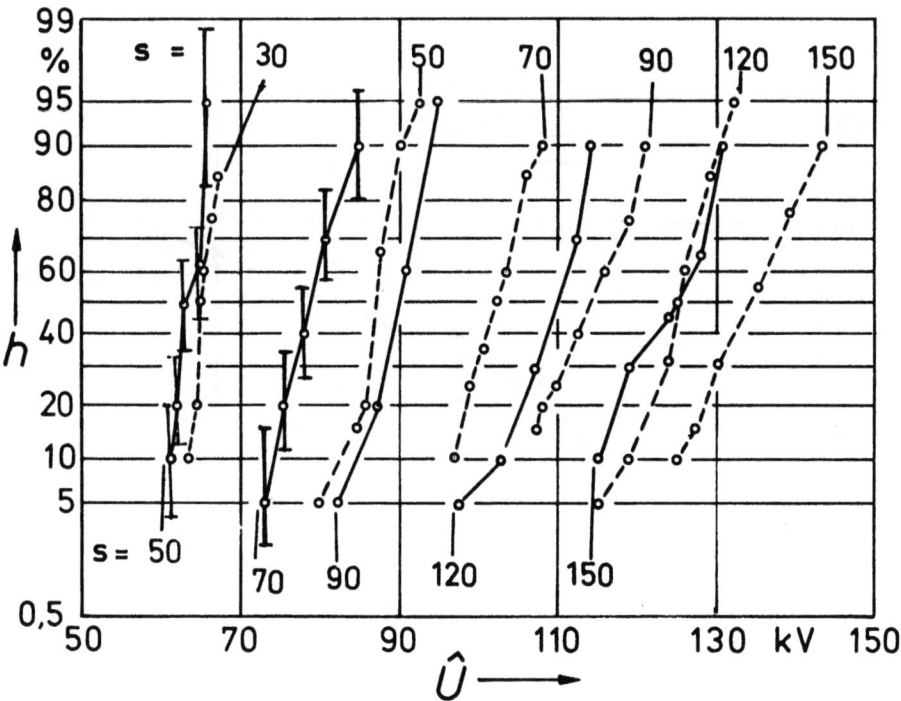

Bild 13: Verhaltensfunktion der halbkugelförmigen Elektroden beim Schirmabstand a = 5 mm für verschiedene Schlagweiten s mit eingezeichnetem Vertrauensbereich bei s = 99 %

---- ungeschirmte Anordnung
——— geschirmte Anordnung mit a = 5 mm

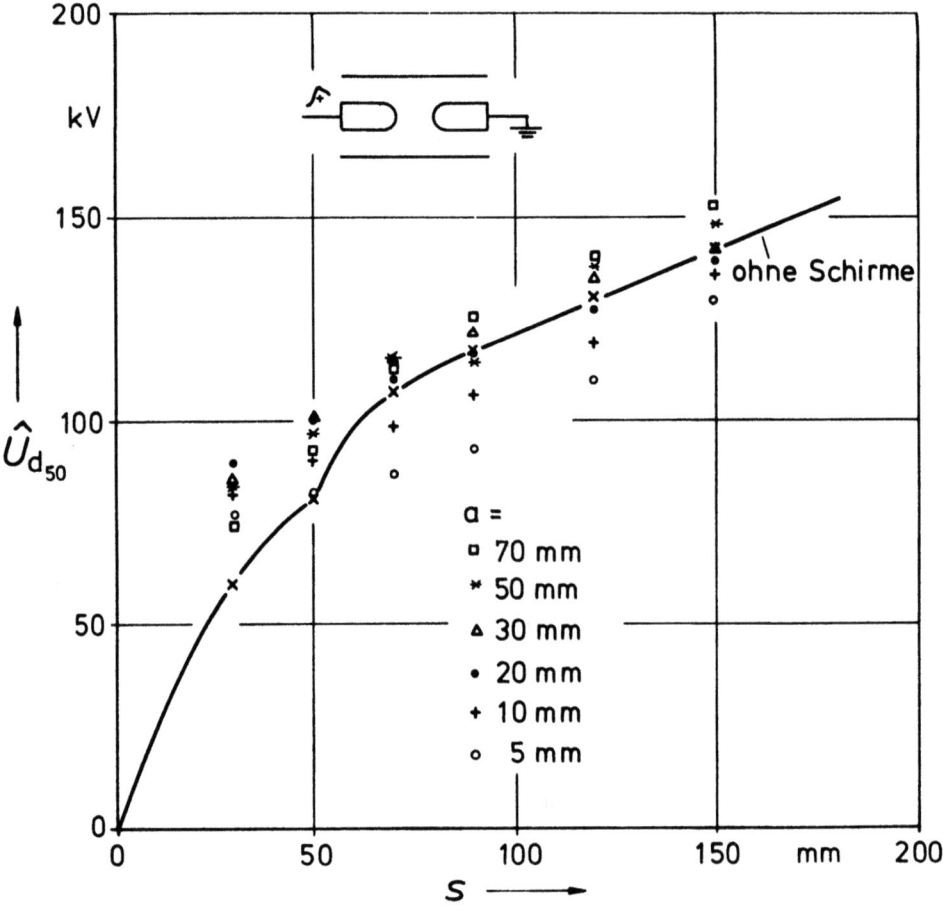

Bild 14: 50 %-Durchschlagstoßspannung $\hat{U}_{d50}$ in Abhängigkeit von der Schlagweite s mit Schirmabständen a als Parameter

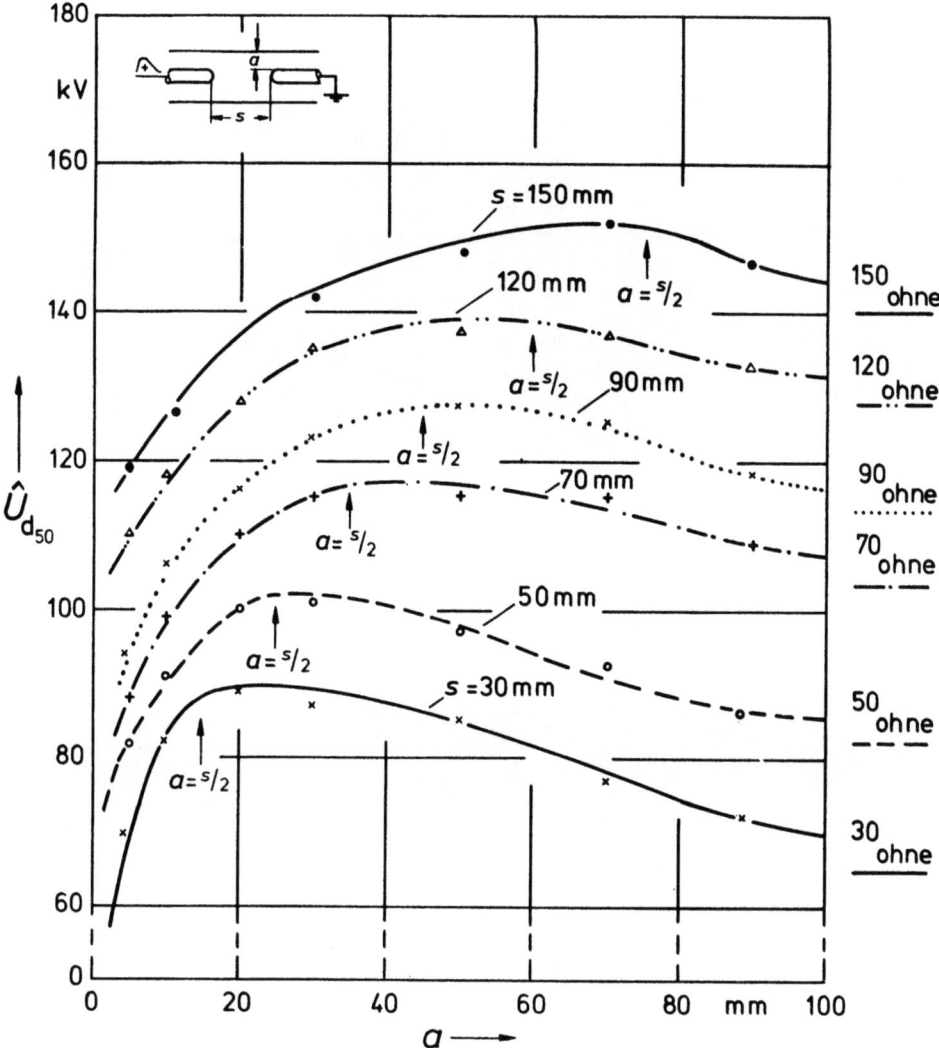

Bild 15: 50 %-Durchschlagstoßspannung $\hat{U}_{d50}$ in Abhängigkeit von Schirmabstand a mit Schlagweiten s als Parameter

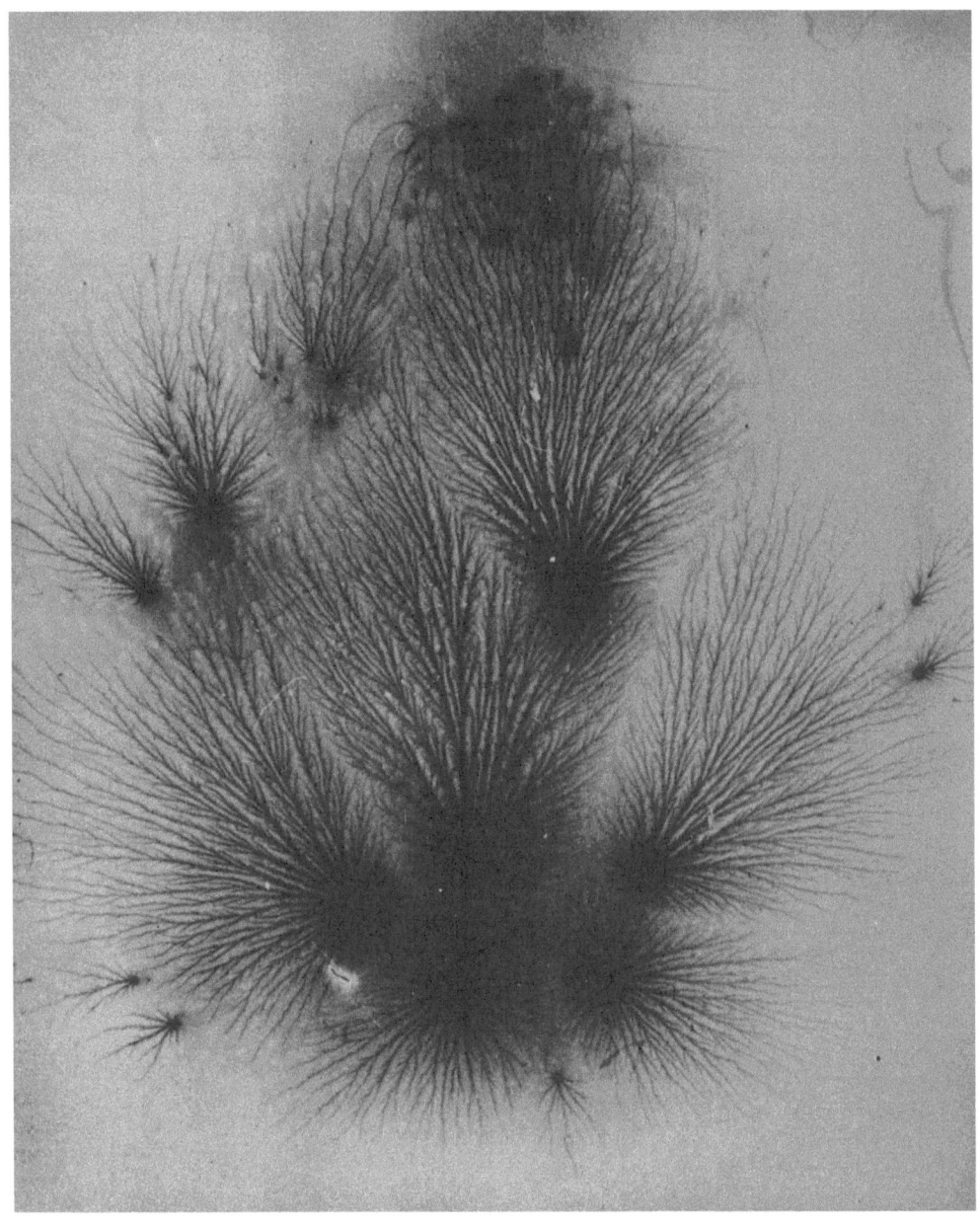

Bild 16: Gleitentladungen auf den Schirmen bei Blitzspannung
$\hat{U}$ = 110 kV, Schlagweite s = 150 mm, Schirmabstand
a = 30 mm und t_{ab} = 2,4 µs

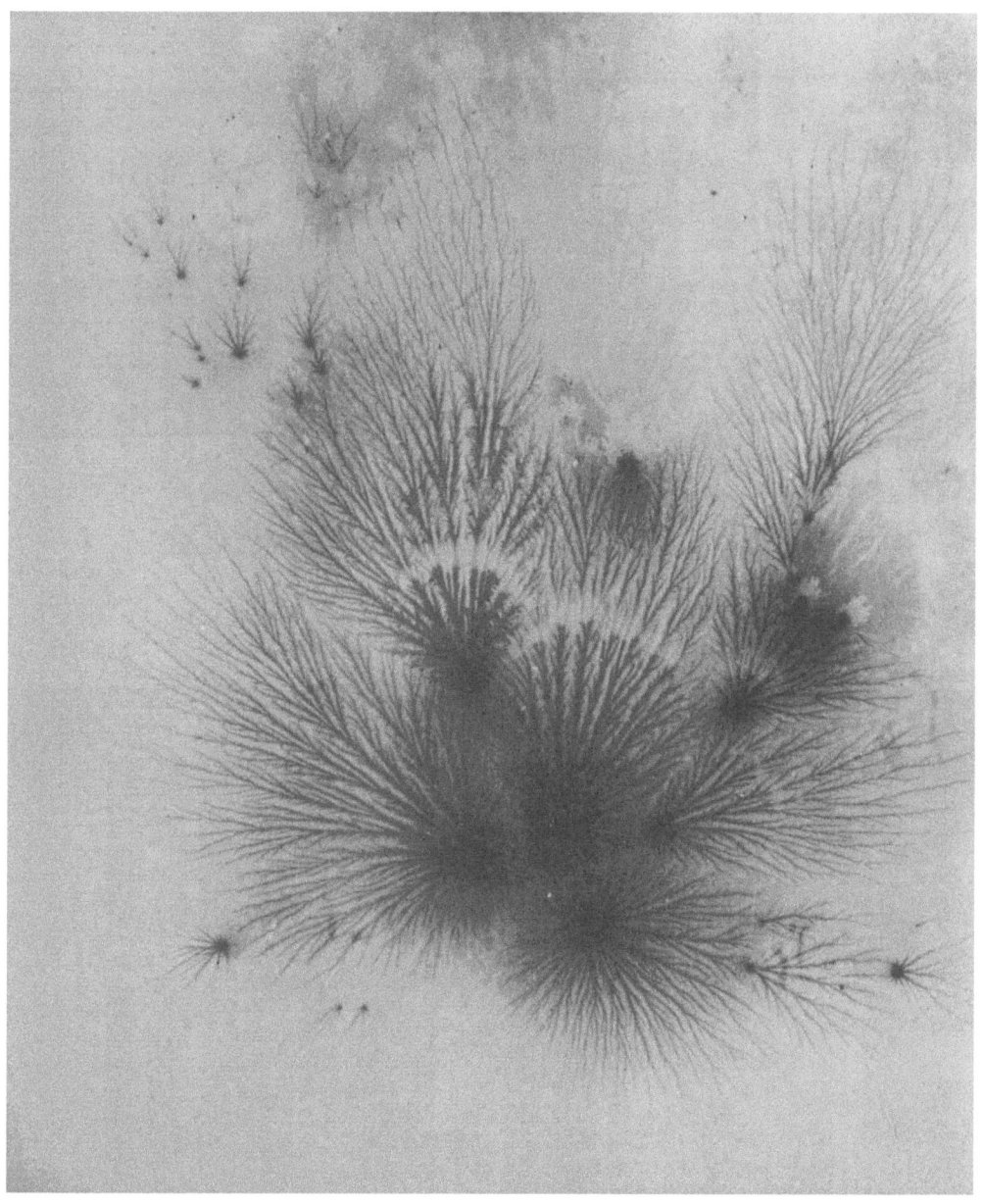

Bild 17: Gleitentladungen auf den Schirmen bei Blitzspannung
$\hat{U} = 110$ kV, Schlagweite s = 150 mm, Schirmabstand
a = 30 mm und t_{ab} = 4,7 µs

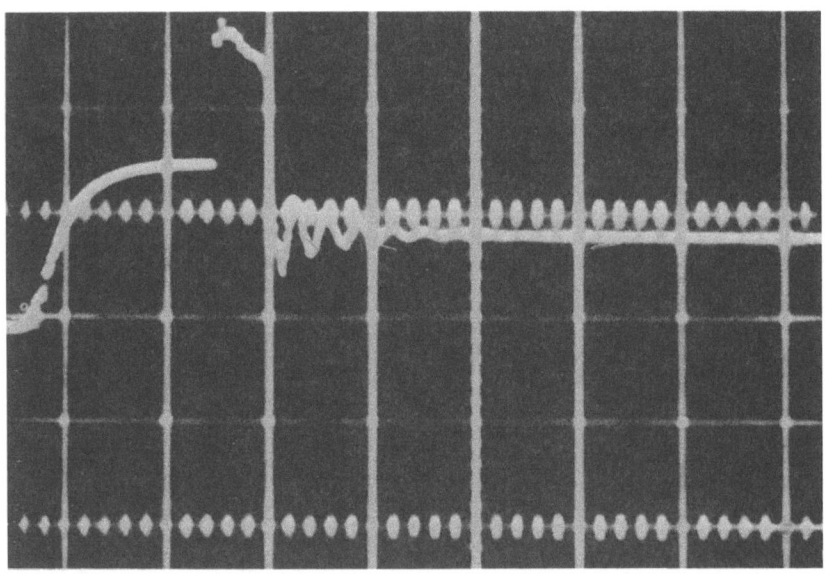

Bild 18: Verlauf des Oberflächenpotentials der Schirme bei
$\hat{U} = 110$ kV, $a = 30$ mm, $s = 150$ mm und $t_{ab} = 2,4$ μs

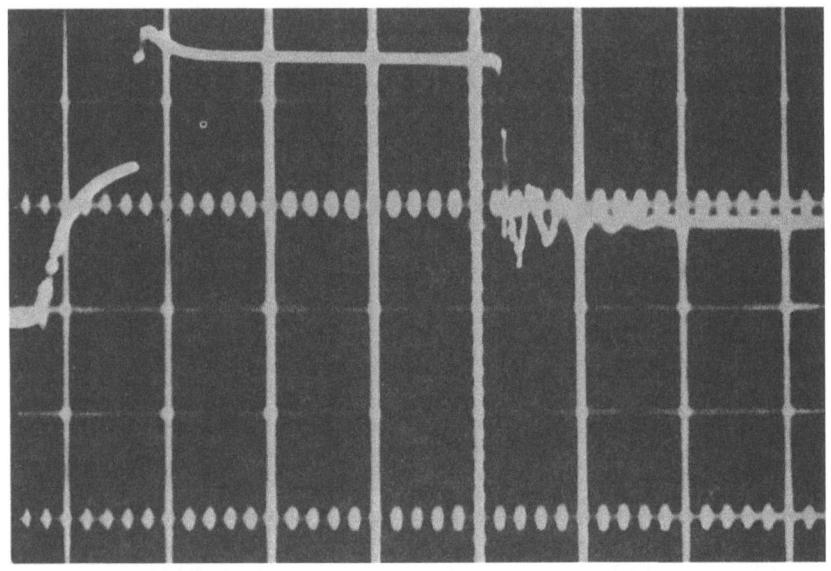

Bild 19: Verlauf des Oberflächenpotentials der Schirme bei
$\hat{U} = 110$ kV, $a = 30$ mm, $s = 150$ mm und $t_{ab} = 4,7$ μs

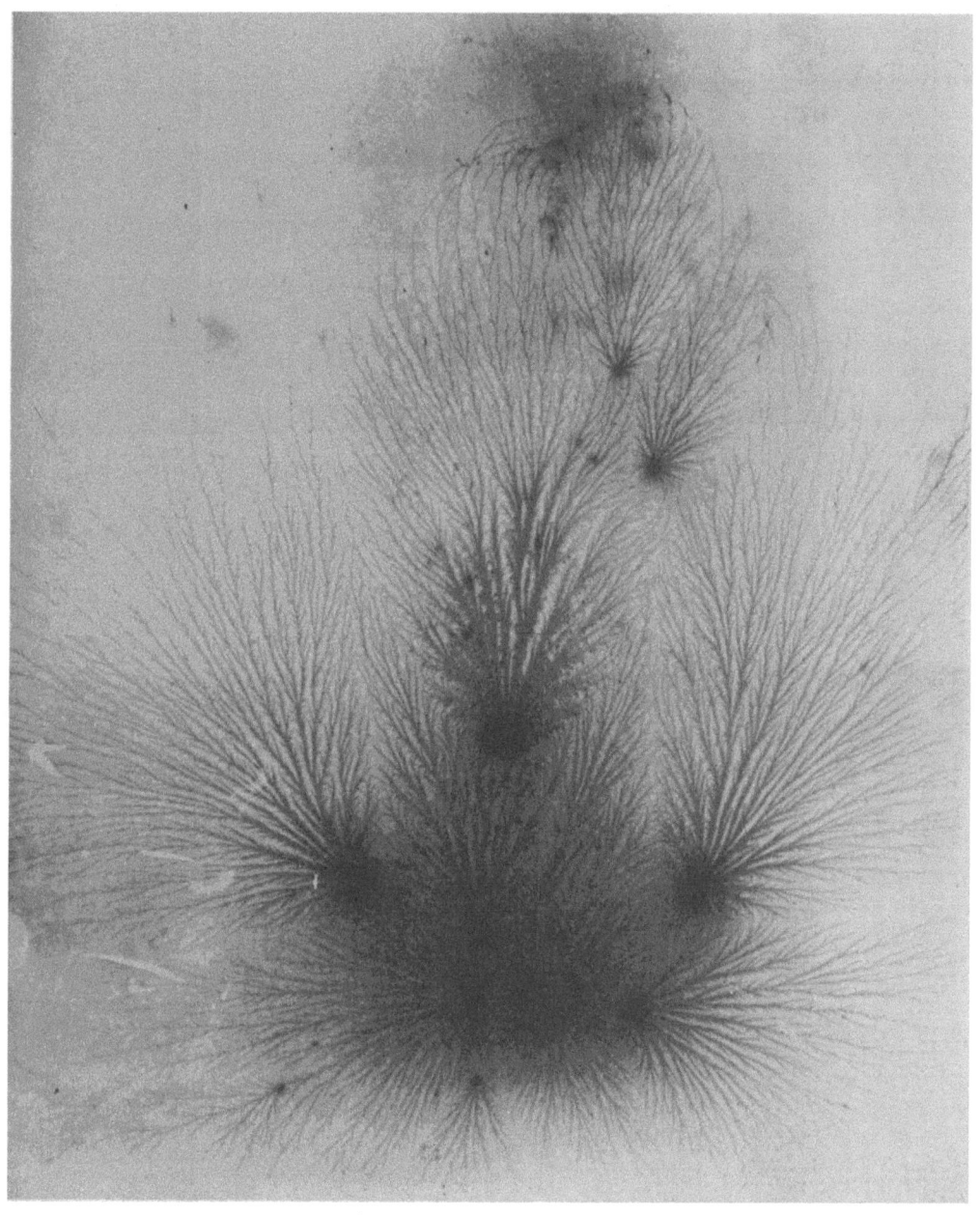

Bild 20: Gleitentladungen auf den Schirmen bei Blitzspannung
$\hat{U}$ = 120 kV, Schlagweite s = 150 mm und Schirmabstand
a = 20 mm

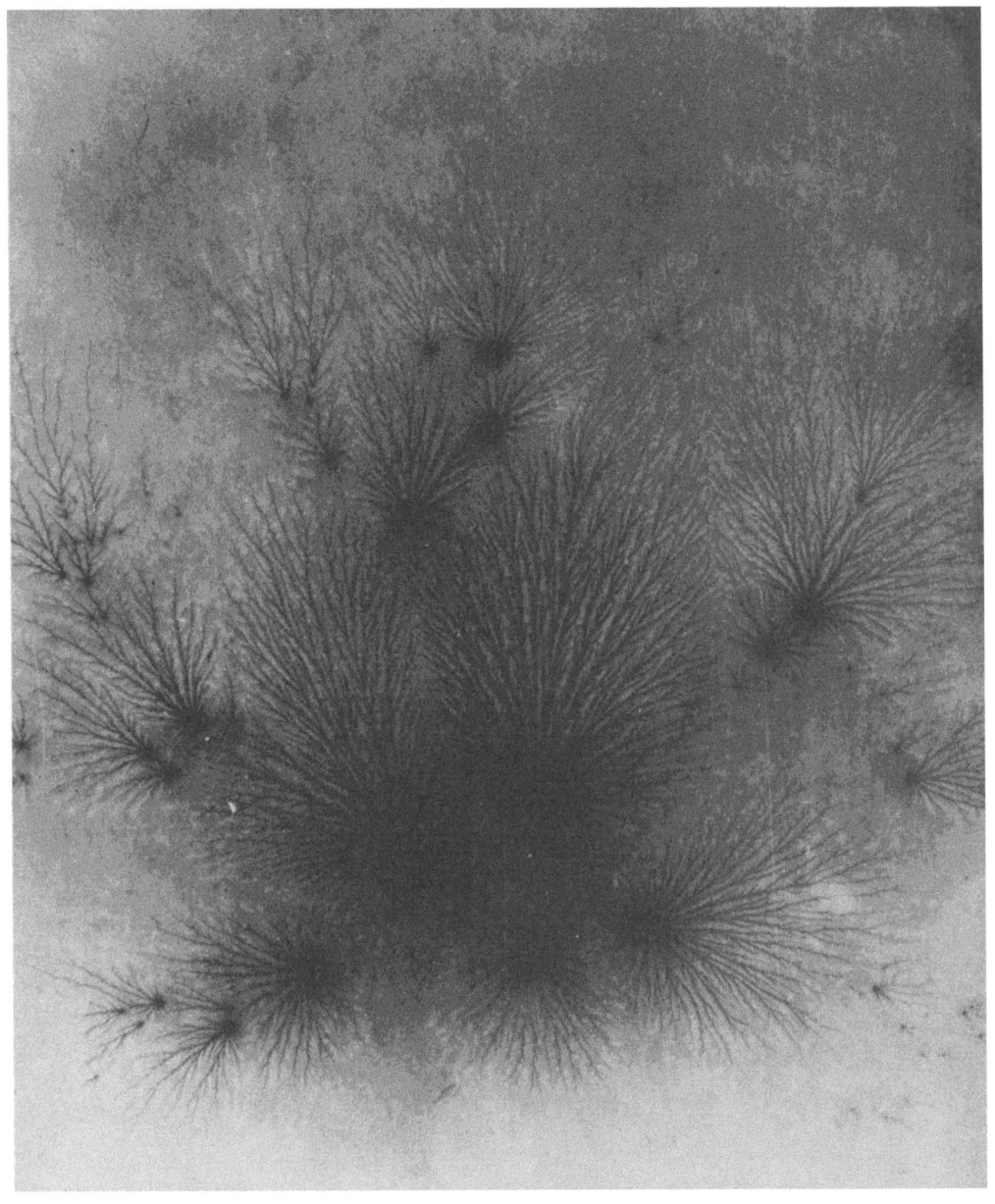

Bild 21: Gleitentladungen auf den Schirmen bei Blitzspannung
$\hat{U}$ = 120 kV, Schlagweite s = 150 mm und Schirmabstand
a = 40 mm

Bild 22: Gleitentladungen auf den Schirmen bei Blitzspannung
$\hat{U}$ = 120 kV, Schlagweite s = 150 mm und Schirmabstand
a = 70 mm

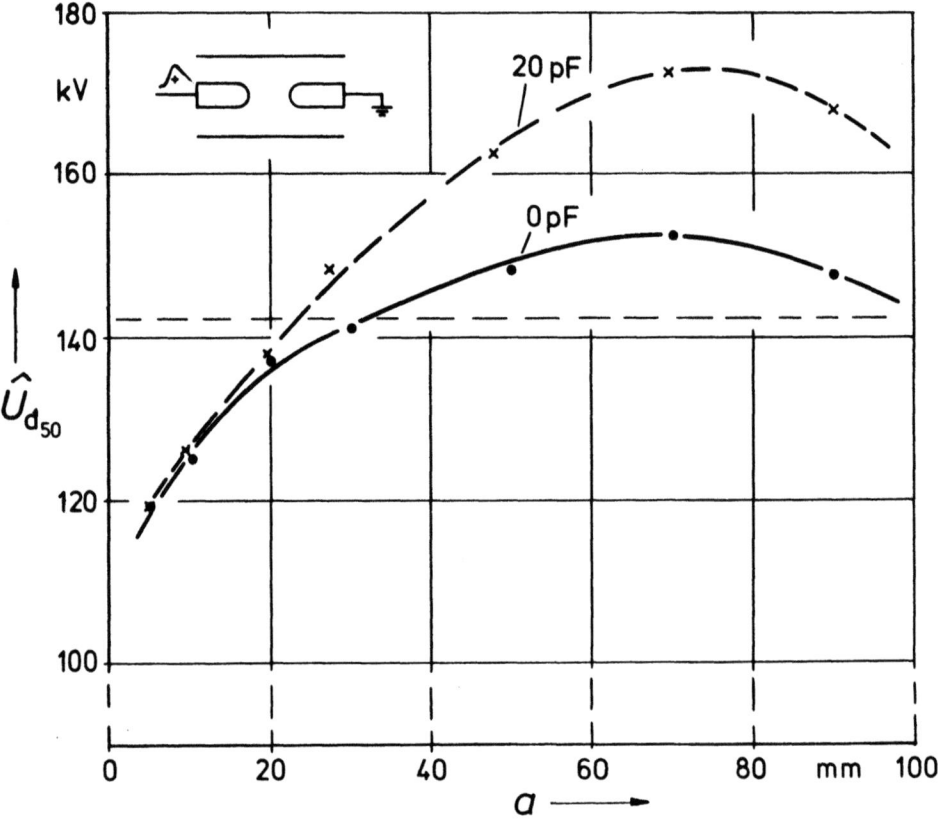

Bild 23: 50 %-Durchschlagstoßspannung $\hat{U}_{d50}$ in Abhängigkeit vom Schirmabstand a bei s = 150 mm und Steuerung mit C = 20 pF

Forschungsberichte des Landes Nordrhein-Westfalen

Herausgegeben im Auftrage des Ministerpräsidenten Heinz Kühn
vom Minister für Wissenschaft und Forschung Johannes Rau

Sachgruppenverzeichnis

Acetylen · Schweißtechnik
Acetylene · Welding gracitice
Acétylène · Technique du soudage
Acetileno · Técnica de la soldadura
Ацетилен и техника сварки

Arbeitswissenschaft
Labor science
Science du travail
Trabajo científico
Вопросы трудового процесса

Bau · Steine · Erden
Constructure · Construction material ·
Soilresearch
Construction · Matériaux de construction ·
Recherche souterraine
La construcción · Materiales de construcción ·
Reconocimiento del suelo
Строительство и строительные материалы

Bergbau
Mining
Exploitation des mines
Minería
Горное дело

Biologie
Biology
Biologie
Biologia
Биология

Chemie
Chemistry
Chimie
Quimica
Химия

Druck · Farbe · Papier · Photographie
Printing · Color · Paper · Photography
Imprimerie · Couleur · Papier · Photographie
Artes gráficas · Color · Papel · Fotografía
Типография · Краски · Бумага · Фотография

Eisenverarbeitende Industrie
Metal working industry
Industrie du fer
Industria del hierro
Металлообрабатывающая промышленность

Elektrotechnik · Optik
Electrotechnology · Optics
Electrotechnique · Optique
Electrotécnica · Optica
Электротехника и оптика

Energiewirtschaft
Power economy
Energie
Energía
Энергетическое хозяйство

Fahrzeugbau · Gasmotoren
Vehicle construction · Engines
Construction de véhicules · Moteurs
Construcción de vehículos · Motores
Производство транспортных средств

Fertigung
Fabrication
Fabrication
Fabricación
Производство

Funktechnik · Astronomie
Radio engineering · Astronomy
Radiotechnique · Astronomie
Radiotécnica · Astronomía
Радиотехника и астрономия

Gaswirtschaft
Gas economy
Gaz
Gas
Газовое хозяйство

Holzbearbeitung
Wood working
Travail du bois
Trabajo de la madera
Деревообработка

Hüttenwesen · Werkstoffkunde
Metallurgy · Materials research
Métallurgie · Matériaux
Metalurgia · Materiales
Металлургия и материаловедение

Kunststoffe
Plastics
Plastiques
Plásticos
Пластмассы

Luftfahrt · Flugwissenschaft
Aeronautics · Aviation
Aéronautique · Aviation
Aeronáutica · Aviación
Авиация

Luftreinhaltung
Air-cleaning
Purification de l'air
Purificación del aire
Очищение воздуха

Maschinenbau
Machinery
Construction mécanique
Construcción de máquinas
Машиностроительство

Mathematik
Mathematics
Mathématiques
Matemáticas
Математика

Medizin · Pharmakologie
Medicine · Pharmacology
Médecine · Pharmacologie
Medicina · Farmacología
Медицина и фармакология

NE-Metalle
Non-ferrous metal
Metal non ferreux
Metal no ferroso
Цветные металлы

Physik
Physics
Physique
Física
Физика

Rationalisierung
Rationalizing
Rationalisation
Racionalización
Рационализация

Schall · Ultraschall
Sound · Ultrasonics
Son · Ultra-son
Sonido · Ultrasónico
Звук и ультразвук

Schiffahrt
Navigation
Navigation
Navegación
Судоходство

Textilforschung
Textile research
Textiles
Textil
Вопросы текстильной промышленности

Turbinen
Turbines
Turbines
Turbinas
Турбины

Verkehr
Traffic
Trafic
Tráfico
Транспорт

Wirtschaftswissenschaften
Political economy
Economie politique
Ciencias económicas
Экономические науки

Einzelverzeichnis der Sachgruppen bitte anfordern

Springer Fachmedien Wiesbaden GmbH

MIX
Papier aus verantwortungsvollen Quellen
Paper from responsible sources
FSC® C105338

If you have any concerns about our products,
you can contact us on
ProductSafety@springernature.com

In case Publisher is established outside the EU,
the EU authorized representative is:
**Springer Nature Customer Service Center GmbH
Europaplatz 3, 69115 Heidelberg, Germany**

Printed by Libri Plureos GmbH
in Hamburg, Germany